DAS FÜR DIESES BUCH VERWENDETE
PAPIER IST FSC-ZERTIFIZIERT.
WWW.FSC.ORG

1. AUFLAGE
COPYRIGHT HARALD VIETH 2007
VIETH VERLAG, HAMBURG
LEKTORAT: WORTGEWANDT
SATZ UND GESTALTUNG: ARNE RÖMER & COMPANY
WWW.ARNEROEMER.COM
DRUCK: KLINGENBERG & ROMPEL
PRINTED IN GERMANY
ISBN 978-3-00-021535-3
WWW.VIETHVERLAG.DE

TITELBILD: BIENENFRESSER,
EIN GEWINNER DES KLIMAWANDELS

HARALD VIETH

KLIMAWANDEL
MAL ANDERS. WAS TUN?

INHALT

VORWORT **8**
EINLEITUNG **10**
KLIMAWANDEL: FIKTION? PANIKMACHE? – REALITÄT! **12**
KLIMAWANDEL: GLOBAL - DER TREIBHAUSEFFEKT 18
DER GLOBALE »ÖKOLOGISCHE FUSSABDRUCK« 21
CO_2: GROSSE FÜSSE – KLEINE FÜSSE: USA, EU, CHINA 22
KLIMAGERECHTIGKEIT 26
SONDERFALL VOLKSREPUBLIK CHINA 27
    DIE UMWELTPROBLEME CHINAS 28
UNGERECHTE WELT: ARME LÄNDER – REICHE LÄNDER 34
DIE GLOBALEN FOLGEN 37
    EXTREME WETTERSCHWANKUNGEN, STEIGENDER MEERESSPIEGEL 37
    ERHEBLICHE VERLUSTE BEI DER BIOLOGISCHEN VIELFALT 39
    HORRORVISION EISSCHMELZE 46
DIE FOLGEN FÜR DEUTSCHLAND/EUROPA 52
    VÖGEL 52
    INSEKTEN 58
    BÄUME 60
KLIMAPROGNOSEN FÜR DEUTSCHLAND 66
    NORDDEUTSCHLAND: LAND UNTER? 66
DEUTSCHLAND: KEIN VORREITER IM KLIMASCHUTZ. LEIDER! 72
    BEISPIEL: DIE DEUTSCHE AUTOMOBILINDUSTRIE – EIN TRAUERSPIEL 75
    DAS AUTO AN SICH 81
    KÖNNTE UND SOLLTE DEUTSCHLAND VORREITER IM KLIMASCHUTZ SEIN? JA, KLAR DOCH! 83
POSITIVE ANSÄTZE UND VISIONEN 90
    DIE »INTERNATIONALE KLIMAFEUERWEHR« 92
    NEUE FLUGZEUGE…UND DEUTLICH WENIGER FLUGVERKEHR 92
    ÖKOSTROM AUS NORDAFRIKA: SOLAR- UND WINDKRAFTANLAGEN 94
    KOHLENDIOXIDKONTO 97
WAS TUN? **98**
HAUSAUFGABEN FÜR DIE POLITIK 99

DIE ENERGIEFRAGE	102
FOSSILE BRENNSTOFFE: ERDÖL, BRAUNKOHLE, STEINKOHLE, GAS	102
ATOMENERGIE	106
DIE SUPER-ENERGIEQUELLE: ENERGIEEFFIZIENZ – SAUBER UND SCHNELL VERFÜGBAR	112
DIE VIER GROSSEN STROMKONZERNE	113
ERNEUERBARE ENERGIEN: DIE BESTE ENERGIEQUELLE DER ZUKUNFT	114
SOLAR- UND WINDENERGIE	115
BIOMASSE: ENERGIE VOM ACKER - WELTWEITE EUPHORIE	116
GRAVIERENDE PROBLEME: BIOETHANOL - PALMÖL - RAPSÖL	119
BIOKRAFTSTOFFE DER »ZWEITEN GENERATION«	123
WEITERE ERNEUERBARE ENERGIEN - HOLZ, WASSERKRAFT, MEERESWELLEN-KRAFTWERKE, GEOTHERMIE	125
WAS TUN? DIE POLITIK UND WIR	**126**
VOR ALLEM DER STAAT IST IN DER PFLICHT	128
DIE GERECHTIGKEITSLÜCKE: ARME DEUTSCHE – REICHE DEUTSCHE	128
ANREGUNGEN FÜR UNS – DIE VERBRAUCHER/-INNEN	130
ÜBERZEUGUNGSARBEIT	133
ENGAGEMENT BEI PARTEIEN ODER ORGANISATIONEN	133
WECHSEL ZUM ÖKOSTROMANBIETER	134
AUTOFAHREN	137
FLIEGEN	138
WOHNEN UND HAUSHALT	142
HEIZEN	142
WARMWASSER	144
STROMFRESSENDE GERÄTE	145
LICHT	146
EINKAUFEN UND ERNÄHRUNG	146
GELDANLAGE	148
LETZTE FRAGEN UND EIN WENIG KINO	149
LITERATURVERZEICHNIS - ANMERKUNGEN	**150**
WEITERFÜHRENDE LITERATUR	**153**
REGISTER	**154**
BILDNACHWEIS	**158**
WICHTIGE ADRESSEN	**160**
ÜBER DEN AUTOR	**161**
ABKÜRZUNGEN	**162**

»DREI DINGE BEEINFLUSSEN DAS DENKEN DES MENSCHEN: DAS KLIMA, DIE POLITIK UND DIE RELIGION.« VOLTAIRE 1756

VORWORT

VORWORT

Dieses Buch ist keine wissenschaftliche Abhandlung über den »Klimawandel«. Davon gibt es in der Zwischenzeit erfreulicherweise sehr viele. Die meisten sind jedoch für den normalen Leser zu umfangreich, kompliziert oder wahre Bleiwüsten, die nicht gerade zum Weiterlesen einladen.

In dem vorliegenden Buch sind die neuesten Erkenntnisse der Klimaforscher berücksichtigt. Wer sich aber intensiver mit der Problematik beschäftigen möchte, wird im Literaturverzeichnis detaillierte Hinweise auf interessante Quellen einschließlich des Internets finden.

In »Klimawandel mal anders« ist durch Beschränkung auf das Wesentliche Allgemeinverständlichkeit das Ziel. Im Kapitel »Was tun?« sind zahlreiche Tipps und Aktionsvorschläge für jede(n) aufgeführt.

Das Thema ist von höchster Brisanz. Es ist ernst, tendenziell sehr ernst und möglicherweise gar dramatisch. Das soll uns allerdings nicht verzweifeln lassen, zu Depressionen oder völliger Resignation führen.
Daher werden zur Auflockerung und besseren Bekömmlichkeit mehrere Dutzend Karikaturen und Zeichnungen von elf Karikaturisten sowie etliche Fotos serviert. Häufig drücken sie mehr aus als ganze Textseiten. Es ist sicherlich interessant zu sehen, auf welche Weise sich die verschiedenen Karikaturisten mit dem Thema auseinandersetzen. Vielleicht interessiert Sie ja auch: Welcher Zeichner hat die lustigsten, treffendsten oder bissigsten Karikaturen? Wer hat den schönsten oder elegantesten »Strich«? Dieses Buch soll schließlich nicht nur zahlreiche Informationen liefern, sondern für Sie auch einen gewissen Unterhaltungswert besitzen.
Und Sie wissen ja: HUMOR IST, WENN MAN TROTZDEM LACHT.

Zum Wohle unserer Kinder und Kindeskinder, für alle Menschen unseres »blauen Planeten« sind rasches Umdenken, Verhaltensänderungen und Umsteuern durch die Politik unerlässlich. Vielleicht werden ja auch Sie motiviert, den einen oder anderen Beitrag
(zusätzlich) für Klimaschutz und Umwelt zu leisten.

In dieser Hoffnung grüßt Sie herzlich der Autor

Harald Vieth

EINLEITUNG

Umweltverbände und zahlreiche Umweltschutzgruppen streiten seit vielen Jahren für den Natur- und Umweltschutz. Die Tragweite des bedrohlichen Klimawandels ist jedoch erst seit dem Jahr 2006 in das Bewusstsein einer breiteren Öffentlichkeit gedrungen. Wesentlichen, verdienstvollen Anteil daran haben der ehemalige Vizepräsident der USA Al Gore mit seinem Film »Eine unbequeme Wahrheit« (An unconvenient truth, auch als Buch erhältlich), in England Nicholas Stern mit seinem umfangreichen Regierungsbericht und in Frankreich Nicolas Hulot mit dem erfolgreichen Werk »Pour un pacte écologique«. In Deutschland begannen endlich auch die Medien ausführlich über die neuesten und alarmierenden Erkenntnisse zahlreicher internationaler – auch etlicher deutscher – renommierter Klimaforscher ungeschönt zu berichten.

»DIE WELT HAT PLATZ FÜR JEDERMANN, ABER NICHT FÜR JEDERMANNS GIER« MAHATMA GANDHI

Allerdings kämpfen weltweit äußerst mächtige Lobbyisten um ihre Pfründe.
Internationale Ölkonzerne, Energieversorger, Autohersteller, Atomkraftwerkbetreiber – um nur einige zu nennen – versuchen durch teure Werbekampagnen den Klimawandel zu leugnen, zu verharmlosen oder zu beschönigen. Bekannt ist, dass mehrere Ölkonzerne und große Kohleversorger jährlich beträchtliche Summen ausgeben für »Wissenschaftler«, die im Sinne der Konzerne Gutachten und Veröffentlichungen erstellen, um anerkannte wissenschaftliche Erkenntnisse zu unterminieren. Kein Wunder: Hier geht es nicht um Beträge von 3,85 €, sondern um zig Milliarden Dollar! *(www.lobbycontrol.de)*

Aber auch WIR sind mächtig. WIR sind die Konsumenten – viele Konsumenten. WIR bestimmen, wofür wir unser Geld ausgeben. Wir brauchen uns nicht verdummen zu lassen. Und wer wenig Geld zur Verfügung hat, könnte etwas Zeit einsetzen, um sich zusammen mit anderen für die Umwelt zu engagieren. Zahlreiche Vorschläge hierzu sind im Buchteil »Was tun?« aufgeführt.
Ein formaler Hinweis: Um Sie nicht mit Fußnoten zu belästigen, finden Sie gelegentlich Angaben wie zum Beispiel *(Lv 2, S. 5)*. Das bedeutet, die Quelle ist im Literaturverzeichnis an zweiter Stelle und dort auf der Seite 5 zu finden.

KLIMAWANDEL

KLIMAWANDEL:
Fiktion? - Panikmache? - REALITÄT!

Anzeichen des Klimawandels gibt es zunächst als subjektive Wahrnehmung:
»Unnatürlich« hohe Temperaturen im Winter, gar kein oder zu wenig Schnee, Blumen in voller Blüte, Rotkehlchen- und Amselgesang mitten im Dezember.
Im Volksmund: »Die Natur spielt verrückt.« Genauer gesagt sind diese Erscheinungen eher die Folge davon, dass der Mensch viele Jahrzehnte »verrückt gespielt« hat.

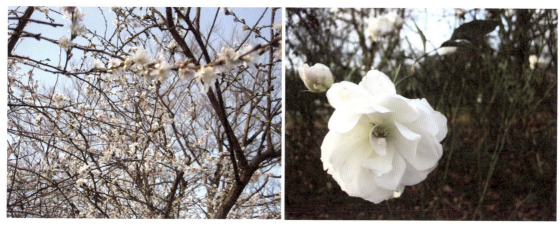

»WEISSE« WEIHNACHTEN, 28. DEZEMBER 2006 – ABER IRGENDWIE WAR DAS DOCH MAL ANDERS...

Das diffuse Gefühl »das kann ja wohl nicht richtig sein« wird verstärkt durch regelmäßige Nachrichten über rasant schmelzende Gletscher weltweit, fehlenden Schnee in traditionellen Skigebieten, Zunahme von Unwettern wie Wirbelstürme, Überschwemmungen und Dürren. Der Deutsche Wetterdienst meldete kürzlich:
Der April 2007 war in Deutschland der trockenste, sonnigste und wärmste April seit Beginn der Aufzeichnungen vor mehr als 100 Jahren – ein »Dreifachrekord«.
Zu der erst seit etwa 2006 steigenden Anzahl alarmierender Medienberichte über den Klimawandel führt Al Gore *(Lv 1, S. 262 ff.)* folgende interessante Zahlen für die USA an: »Von 928 in wissenschaftlichen Fachzeitschriften veröffentlichten Artikeln zum Klimawandel hatte nicht ein einziger Experte Zweifel an den Gründen für die Erderwärmung. Dagegen wurden in mehr als der Hälfte von 636 Artikeln in der Tagespresse Zweifel an diesen Gründen geäußert.«

Die Untersuchung bezieht sich auf die USA und auf die vier dort wichtigsten Tageszeitungen. Bei den »Ursachen« geht es um die Frage, ob die Erderwärmung vom Menschen verursacht sei oder nicht.

Wahrscheinlich ergibt sich für Deutschland und Europa ein etwas positiveres Bild der Berichterstattung. Auffällig ist jedoch, dass auch hier viel zu lange in den Medien dem Klimawandel nicht die nötige Aufmerksamkeit gewidmet wurde. Richtige Desinformationskampagnen wie in den USA mag es in Deutschland nur in Ausnahmefällen gegeben haben, aber Schönredner und Verharmloser dieses Problems waren (und sind?) hierzulande zu häufig in den Medien präsent gewesen.

Aufschlussreich sind folgende drei Leserbriefe an die FAZ vom September 1996. Alle wurden von Professoren verfasst. Die vollständigen Namen liegen vor.

Briefe an die Herausgeber

Die Betreiber des Karussells der Klimakatastrophe

Dem Brief von Leser Dr. W. Th. „Ideologische Spiele mit der Klimakatastrophe" (F.A.Z. vom 29. August) ist voll zuzustimmen. Er wird zusätzlich gestützt durch den Brief von Dr. F. F. „Zumeist aus Vulkanen" (F.A.Z. vom 10. September), in dem einmal ausgesprochen wird, worauf man schon lange gewartet hat, dass nur 7,4 Prozent des globalen Kohlenoxydeintrags anthropogenen Ursprungs sind. Betrachtet man hingegen den Brief von Leser Professor H. „Kommissionsberichte über die Klimakatastrophe (F.A.Z. vom 10. September), so muß man feststellen, dass er nur wenig objektive Substanz enthält. Es handelt sich lediglich um eine Aneinanderreihung von Berichten über Institutionen, die sich mit der Problematik des Risikos von menschenverursachten Klimaänderungen befassen.

Lassen wir die Frage, ob es bei Anlegung strenger wissenschaftlicher Kriterien haltbar ist, die Gefahr einer Klimakatastrophe für die Zukunft vorherzusagen, so kommt man doch zu folgender Feststellung: Ein mit Umweltschutzgedanken angetriebenes „Klimakatastrophenkarussell", wie ich es nennen möchte, ganz im Sinne von Leser Dr. Th., wird in Fahrt gehalten: Unter anderem von Politikern, die keine Gelegenheit zur Profilierung auslassen; von verschiedenen Forschungsinstituten, bei denen Kosten und Personalstopp nun weniger Themen sind, ganz zu schweigen von Profilierungsmöglichkeiten; durch Ökoinstitute, bei denen die Klimakatastrophe einen nicht unwesentlichen Anteil an ihrer Existenz ausmacht, durch Meteorologen und andere Wissenschaftler, die vom Frust früherer Jahre erlöst und zum begehrten Fachmann werden mit wesentlich erweitertem Meßgerätepark.

Hinzu kommen Gesellschaften, Vereine und Stiftungen, die ein zusätzliches Identifikationsobjekt gefunden und damit weitere Argumente für Mitglieder- und Spendenwerbung haben, sowie – nicht zu vergessen – Journalisten, die zu gefragten und beachteten Fachreportern geworden sind. Gegenkräfte gibt es praktisch kaum. Jeder wird durch den anderen bestätigt, angesteckt, gedeckt, rückgekoppelt, in Resonanz versetzt. Der Brief von Leser Professor H. bestätigt dies in anschaulicher Weise. Der Brief von Leser Dr. Th. war dringend nötig. Hoffentlich wird durch ihn eine entideologisierte Diskussion in Gang gesetzt und auf eine breite Basis gestellt.
Professor Dr. Dr. H.H., Dortmund

Was die Klimaforschung lenkt

Voller Nachdenklichkeit hatte ich Leser Dr. W.Th.s Brief „Ideologische Spiele mit der Klimakatastrophe" (F.A.Z. vom 29. August) gelesen, der mir als Nichtklimatologen manche dunkle Klimaforschungsnische offenbarte. Und dann folgte (F.A.Z. vom 10. September) der Brief von Leser Professor Dr. K. H., in dem dieser unter Berufung auf erlauchte wissenschaftliche Gesellschaften mit klangvollen Namen, auf Enquete-Kommissionen, auf Intergovernmental Panel on Climate Change (IPPC), internationale Konferenzen und Verhandlungskomitees, aber ohne ein einziges inhaltliches Argument Leser Th. vorwirft, er sei „wissenschaftlicher Erkenntnis nicht zugänglich". Dem Brief von Leser Th. entnimmt man, was ohnehin zu vermuten war, nämlich dass Leser H. selber einer der von ihm genannten Gesellschaften angehört, deren weiteres Wohlergehen davon abhängt, „dass nicht sein kann, was nicht sein darf", nämlich keine Klimakatastrophe. Auf diese sensiblen Geldflussströmungen im Klimaforschungsbereich hatte ja verdienstvollerweise R. F. bereits am 12. April 1995 in der F.A.Z. mit seinem Beitrag „Unsichtbare Hand lenkt Klimaforschung" aufklärend hingewiesen.
Professor Dr. P.C. ,Wien

Für die Umwelt bedrohlicher

Der Beginn der Klimakatastrophe war die Treibhausgaslüge, dass nämlich die Erhöhung der Anteile gewisser Spurengase in der Atmosphäre zu einer Erhöhung der bodennahen Lufttemperaturen führen sollte, und die nächste Lüge war, dass dies der gleiche physikalische Mechanismus sein soll, der im Sonnenschein für die erhöhte Innentemperatur des Autos verantwortlich ist. Die nächste Lüge besteht darin, zu behaupten, eine Erhöhung der Mittelwerte der bodennahen Lufttemperaturen wäre eine „Katastrophe", obwohl dies vermutlich der Menschheit Vorteile bringen würde. Diese Argumentationslinie wurde von vielen selbsternannten „Umweltwissenschaftlern" übernommen: Jede Veränderung irgendwelcher fiktiver Umweltmittelwerte muß eine Umweltkatastrophe sein. Dabei sind die Klimarechenzentren, die ja nichts produzieren können, was irgendeinen Wert für irgendeine Wissenschaft hat, sicher eine größere Bedrohung für die Umwelt als das lebensnotwendige CO_2. Aber eine noch wesentlich größere Bedrohung für die Umwelt sind die von Leser Prof. H. genannten Klimakatastrophenkommissionen. Ich warte darauf, daß diese Kommissionen beschließen werden, daß zwei mal zwei gleich acht ist, und als gute Demokraten werden wir uns in Zukunft daran halten. **Professor Dr. G.G., Braunschweig**

Man kann den Eindruck bekommen, dass die Leserbriefe zum Thema Klimawandel der ach so seriösen FAZ einer besonderen Auswahl unterliegen. Damit könnten die Forschungsergebnisse von Klimaforschern, die in vielen Ländern der Welt tätig sind und mit der UNO zusammenarbeiten, flugs unterminiert werden.

Seit Veröffentlichung der oben abgedruckten Stellungnahmen ist ein gutes Jahrzehnt vergangen. Die aktuellen Forschungsergebnisse widerlegen eine derartig geballte Ignoranz und Häme.

»WER DIE ERKENNTNISSE DER KLIMAFORSCHER ALS »KLIMA-HYSTERIE« ABTUT, WILL NUR SEINE RUHE HABEN. WER HEUTE NICHT BEREIT IST ZU HANDELN, BEGRÜNDET DEN HORROR VON MORGEN«

NICK REIMER, BUCHAUTOR, TAZ V. 7.6.07

Jedoch selbst heutzutage existieren noch einige »Klimafolgenskeptiker«, die nicht selten von interessierter Seite kräftig finanziell gefördert werden. So wurde nach der Veröffentlichung des IPCC-Klimaberichts (Intergovernmental Panel on Climate Change = »Zwischenstaatlicher Ausschuss über Klimaveränderungen« – im Folgenden kurz UN-Klimarat genannt) im Februar 2007 im »Hamburger Abendblatt« und im britischen »The Guardian« berichtet, dass das American Enterprise Institute (AEI), eine wichtige US-amerikanische neokonservative Denkfabrik, für jeden Forscher, der gewichtige Argumente gegen den IPCC-Bericht anführen kann, 10.000 US-$ ausgelobt hat *(HA v. 3./4.2.07 Klimareport)*.

Aber interessierte Kreise arbeiten nicht nur mit dem »Zuckerbrot«, sondern auch mit der »Peitsche«. Im Februar 2007 wurde bekannt, dass die Bush-Regierung erheblichen Druck auf US-amerikanische Klima-Wissenschaftler ausgeübt hat.

Das Ziel: Negierung der globalen Erwärmung, Vermeidung von »unangenehmen Wahrheiten« und Wörtern wie Klimawandel. Zwei US-amerikanische Organisationen, u.a. die »Union of Concerned Scientists«, legten einem Kongressausschuss »neue Beweise für die Unterdrückung und Manipulation von Klima-Wissenschaftlern« vor *(DPA, taz v. 2.2.07)*.

Beim IPCC arbeiten etwa 2500 ausgesuchte Wissenschaftler vieler Nationen mit. Ihre Qualifikation ist unbestritten. Die vereinzelten Klimaskeptiker haben entweder Verbindungen zur Energieindustrie, erfüllen nicht die wissenschaftlichen Qualitätsstandards oder haben bestimmte persönliche Gründe für ihre Haltung.
Im Jahr 2007 sind sich weltweit die wichtigsten Klimaforscher einig: Es gibt einen Klimawandel. Und wir sind bereits mittendrin.
Der Mensch ist mit seinen Aktivitäten vielleicht nicht der alleinige Schuldige, aber zweifelsohne der Hauptverantwortliche. Der amerikanische NASA-Klimaforscher James Hansen vertritt sogar die Meinung, dass der Mensch zu 100 % schuld daran ist, da wir uns eigentlich in einer Periode zwischen zwei Eiszeiten befinden und sich demnach das Klima momentan abkühlen würde *(Lv 2)*.

Übrigens setzt sich das Umweltbundesamt mit den Argumenten der Skeptiker auseinander unter: www.umweltbundesamt.de, Suchwort »Klimaskeptiker«.

Umfangreiche Untersuchungen von Eisproben aus der antarktischen Eiskappe, von Sedimentablagerungen und Baumringen zeigen, dass »die Kohlendioxidwerte (CO_2) in der Luft heute höher sind, als sie das jemals in den letzten 700.000 Jahren waren. Mehr CO_2 in der Atmosphäre bedeutet höhere Temperaturen« *(Lv 1, S. 312)*.

Im Literaturverzeichnis von Al Gores Buch, S. 308–328, sind zehn besonders verbreitete Irrtümer über die Klimaerwärmung aufgeführt. Auch das Umweltbundesamt erklärt:
»Die überwiegende Zahl der Indizien spricht für einen erheblichen Einfluss der anthropogenen – also durch den Menschen verursachten – Emissionen«
(www.umweltbundesamt.de/klimaschutz/index.htm).
Jetzt, im Jahr 2007, sind die Klimamodelle stark verbessert worden. Es können deutlich mehr relativ sichere Voraussagen über die Empfindlichkeit einzelner Regionen gemacht werden als noch vor sechs Jahren. Auch die Konsequenzen für die Ökosysteme sind besser zu beschreiben.

So werden Ihnen einige Kapitel im vorliegenden Buch verdeutlichen, wie etwa Vögel, Insekten und Bäume auf die Klimaerwärmung reagieren.

KLIMAWANDEL: GLOBAL

DER TREIBHAUSEFFEKT

Auf Grund des steigenden CO_2-Gehalts in der Atmosphäre kommt es zum Treibhauseffekt, der wiederum zum Temperaturanstieg und damit zur Erderwärmung führt.
Stellen Sie sich ein Treibhaus mit einem Dach aus Glas oder Plastik vor. Dieses imaginäre Dach über der Erde wird von den Treibhausgasen gebildet, welche die Wärmestrahlung von der Erde absorbieren, so dass diese nicht ins Weltall entweichen kann. Ein Teil dieser Wärmestrahlung wird dann auf unseren Planeten »zurückgeschickt«.

Ein gewisser Treibhauseffekt, hervorgerufen durch die wichtigsten Treibhausgase Wasserdampf, Kohlendioxid (CO_2) und Methan (CH_4), ist ständig in der Natur vorhanden und für die Erde sogar unerlässlich, denn anderenfalls wäre sie gefroren. Dieser natürliche Treibhauseffekt ist sogar erheblich größer als der zusätzliche vom Menschen angestoßene.

Problematisch ist, dass der Mensch durch seine Aktivitäten diesen natürlichen und »gesunden« Treibhauseffekt zusätzlich so verstärkt, dass die Temperaturen ansteigen und es somit zur Erderwärmung kommt.
Außer den oben erwähnten Treibhausgasen gibt es noch mehrere andere.
Das mengenmäßig schädlichste ist jedoch das Kohlendioxid, auf das etwa 60 % des zusätzlichen Treibhauseffekts zurückzuführen ist.

Menschliche Aktivitäten erhöhen übrigens nicht nur den Kohlendioxidgehalt in der Luft, sondern auch in den Ozeanen, was zu einem höheren Säuregehalt des Meerwassers führt. Dies wiederum verursacht potenzielle Schäden an Korallenriffen und Muscheln mit einem negativen Einfluss auf Fische und sogar Vögel.

Seit den 1970er Jahren hat es einen signifikanten und ungebrochenen Anstieg der Temperaturen gegeben. Aus mehreren Zeitungsberichten vom Januar 2007 geht z.B. hervor, dass die zehn wärmsten Jahre seit Beginn der Wetteraufzeichnungen im Jahre 1900 alle zwischen 1995 und 2006 liegen. Der Herbst 2006 war der wärmste seit 1900.
Im März 2007 hieß es nun auch amtlich: Der Winter 2006/7 war weltweit der wärmste, seit es Klimaaufzeichnungen gibt – d.h. seit 127 Jahren.

Der IPCC-Bericht vom 2.2.07 könnte die Überschrift tragen: »ALARM!« Die bisherigen Annahmen zum Temperaturanstieg sind in ihm deutlich nach oben korrigiert worden. Bei einem »Weiter-so-Szenario« wird die Temperatur bis 2100 um zwei bis 4,5 Grad ansteigen. Allerdings wäre auch eine Erhöhung bis 6,4 Grad möglich – »höchstens« heißt es.
Bis 2050 muss alles darangesetzt werden, damit das gesetzte Höchstziel von zwei Grad Temperaturanstieg nicht überschritten wird. Alles, was darüber hinausgeht, könnte die ohnehin eintretenden Konsequenzen drastisch verschärfen.

Um die genannten zwei Grad Temperaturanstieg nicht zu überschreiten, sind enorme Anstrengungen nötig: Die Emissionen müssten nämlich bis 2050 halbiert werden. Mit Reförmchen, Trostpflastern, Ankündigungen ist es nicht mehr getan. Außerdem wird die Zeit knapp: Nur knapp zehn Jahre geben uns die Klimaforscher für wirklich einschneidende Maßnahmen. Hierzu werden Sie Näheres lesen können im Kapitel »Was tun?«.

Eine Nachbemerkung: Da die Endfassung des IPCC-Berichts von 200 Vertretern aus 130 Ländern – Klimaforschern mit Politikern – erstellt wird, ist die Endredaktion eine Gratwanderung. Gekämpft wird um jedes Komma. Das führt unter anderem dazu, dass die Berichte für die Öffentlichkeit unvollständig sind. Bestimmte Entwicklungen werden gar nicht oder nur unzureichend erwähnt, z.B. fehlt beim Thema Atomkraft das weltweit ungelöste Problem der Endlagerung. Kritiklos wird der Einsatz von Biodiesel empfohlen.

Ferner setzten die Regierungen der größten CO_2-Verschmutzer wie die USA und China durch, dass bestimmte Passagen des Klimaforscherberichts nicht veröffentlicht wurden. Und wenn die Interessen großer Konzerne tangiert sind, setzen diese Hunderte von Lobbyisten in Bewegung. Auch das massive Auftauen der Permafrostböden (Dauerfrostböden) in der arktischen Tundra und der damit verbundene erhebliche Ausstoß des Klimagases Methan soll kaum berücksichtigt worden sein. Das Schmelzen des Grönlandeises geht offenbar rascher voran, als es die Computer berechnet hatten. Wegen der unsicheren Datenlage wurde der Effekt der Grönland-Eisschmelze kurzerhand unterschlagen *(taz-dossier, 3./4.2.07)*.
Generell bleibt festzuhalten, dass der UN-Klimarat nur eine beratende Funktion hat und keinerlei Entscheidungsbefugnis. Entscheidungen können ausschließlich von den Regierungen getroffen und dann umgesetzt werden.

DER GLOBALE »ÖKOLOGISCHE FUSSABDRUCK«

Der globale ökologische Fußabdruck der Menschen bezeichnet die gesamte Belastung, welche die Menschheit unserem Planeten aufdrückt.

In »Grenzen des Wachstums« heißt es dazu: »Dies umfasst die Auswirkungen der Landwirtschaft, des Bergbaus, des Fischfangs, der Forstwirtschaft, der Schadstoffemissionen, der Landerschließung und des Artenverlusts« *(Lv 3, S. 142/143).*

Gemeint ist also die Gesamtwirkung der menschlichen Aktivitäten auf die Umwelt.

Nach Meinung vieler Experten ist unser heutiger ökologischer Fußabdruck seit etwa 1980 zu groß geworden: Wir leben buchstäblich auf zu großem Fuß, belasten die Umwelt zu sehr, haben die ökologische Tragfähigkeit der Erde seitdem bereits etwas überschritten. Das kann noch eine Weile gut gehen. Irgendwann ist es dann allerdings zu spät für eine Umkehr. Je länger wir ein Umsteuern vor uns herschieben, desto teurer wird es und desto dramatischer sind die Folgen. Wir täten folglich gut daran, ab sofort, hier und jetzt unseren ökologischen Fußabdruck Stück für Stück zu verkleinern.

Der Idealzustand wäre natürlich ein menschenwürdiges Dasein für (möglichst) alle Menschen bei gleichzeitiger Nichtüberschreitung dessen, was für das globale Ökosystem tragbar ist.

Weltweite Hausse

Im nächsten Kapitel sehen wir uns nur den CO_2-Fußabdruck an:

CO_2: GROSSE FÜSSE – KLEINE FÜSSE: USA, EU, CHINA

Wenn wir das Bild des Fußabdruckes für die Höhe des Kohlendioxidausstoßes verwenden, ergeben sich für die einzelnen Länder ganz bedeutende Unterschiede bei den Schuhgrößen.

GESCHÄTZTE WELTWEITE CO_2-EMISSIONEN IN MILLIONEN TONNEN
DIW BERLIN FÜR 2005

USA	5987
CHINA	4770
RUSSLAND	1559
JAPAN	1294
INDIEN	1123
BRD	865

Sie werden an anderer Stelle davon etwas abweichende Zahlen finden. Im Spiegel Special *(Lv 3a)* z.B. liegen die Werte für »CO_2-Äquivalent« (CO_2eq. = CO_2 zuzüglich aller anderen Treibhausgase) je nach Land zum Teil deutlich höher, für Deutschland bei rund einer Milliarde Tonnen – und das für das Jahr 2000.
Andererseits gibt die »Energy Information Administration« für 2004 ähnliche Mengen wie oben an, so dass dieser Überblick zwar zu optimistisch, aber einigermaßen korrekt sein könnte.

Besonders in China, Indien, Russland und etlichen wirtschaftlich noch relativ schwach entwickelten Ländern werden die CO_2-Emissionen steigen. Es kann davon ausgegangen werden, dass China die USA in dieser Hinsicht bereits im Jahre 2008/9 überholen wird.

Die neuesten Zahlen des Klimaschutzindexes 2007 (Stand November 2006) der Internationalen Energieagentur zeigen folgendes Bild:

Nach Ländern geordnet sind die beiden größten Emittenten von Kohlendioxid die USA mit fast 22 % und China mit knapp 18 % des weltweiten CO_2-Ausstoßes. Deutschlands Anteil beträgt 3,2 % – bei nur 1,30 % Anteil an der Erdbevölkerung.

Fatal ist auch der weltweite Gesamtanstieg des CO_2-Ausstoßes: Von 21,6 Milliarden Tonnen im Jahr 1990 auf 27,3 Milliarden Tonnen im Jahr 2005.
Wahrscheinlich wird im Jahr 2010 der weltweite Kohlendioxid-Ausstoß 40 % höher sein als 1990. Das Kyoto-Protokoll sah dagegen eine Einsparung von 5,2 % vor.

Die USA, China und die EU sind die Hauptverursacher des Kohlendioxidausstoßes und damit des Treibhauseffekts. Verständlicherweise wird vor allem den USA und der EU von vielen Ländern eine unverantwortliche UND egoistische »Steinzeit-Umweltpolitik« vorgeworfen.

Wir sollten auch vor unserer eigenen deutschen bzw. EU-Haustür kehren. Aber völlig zu Recht werden die USA an den Pranger gestellt. Die katastrophale und verantwortungslose Umweltpolitik der US-Regierungen und insbesondere der aktuellen Administration von G. W. Bush wird bereits seit vielen Jahren ohne Rücksicht auf Verluste praktiziert – und das zu Lasten des Weltklimas.

Auf der anderen Seite gibt es auch Positives über die USA zu berichten: Hunderte von Umweltgruppen sind aktiv, die »Apollo Alliance« – ein Zusammenschluss von Umweltorganisationen, Gewerkschaften und Unternehmen mit 22 Millionen Mitgliedern – macht von sich reden, Kalifornien hat in einigen Bereichen wegweisende Umweltvorschriften erlassen, die Bürgermeister von Dutzenden US-amerikanischen Städten haben im Gegensatz zu ihrer Regierung das Kyoto-Protokoll inhaltlich akzeptiert und entsprechende Maßnahmen ergriffen. Führende Politiker der Demokraten drängen auf umfangreichen Umweltschutz. Und auch in Teilen der Bevölkerung scheint sich spätestens nach dem verheerenden Hurrikan Katrina in New Orleans eine gewisse Nachdenklichkeit einzustellen. Anfang April 2007 fällte der Oberste Gerichtshof der USA ein vernichtendes Urteil über die Klimapolitik von G. W. Bush. Er entschied z.B., dass die bislang ziemlich untätige US-Umweltbehörde den CO_2-Ausstoß von Autos regulieren muss.

Folgende Angaben offenbaren das Missverhältnis beim weltweiten CO_2-Ausstoß noch deutlicher. Sie beziehen sich auf den CO_2-Ausstoß des einzelnen Menschen:

KOHLENDIOXIDAUSSTOSS IN TONNEN PRO KOPF PRO JAHR (2003) LT. RESOURCES INSTITUTE
EMISSION EINES BEWOHNERS IN:
- USA 20,0
- EU 11,8
- BRD 10,5
- CHINA 3,5
- BRASILIEN 1,8
- INDIEN 1,1

Die CO_2-Emissionen pro Kopf sind übrigens auch besonders hoch in Kanada (17,2 Tonnen jährlich) und Russland (10,9 Tonnen jährlich)!
Heute, 4 Jahre später, haben sich obige Werte weiter erhöht.

Um die Folgen des Klimawandels zu mildern, sollte jeder Erdbewohner maximal zwei Tonnen CO_2 pro Jahr verursachen. Da hätten Amerikaner, Kanadier, Russen und Deutsche noch ein ganzes Stück Arbeit vor sich. Der UN-Klimarat meint, bis zum Jahr 2050 müsste der CO_2-Ausstoß um 80 % gesenkt werden. So käme dann auch jede(r) Deutsche auf zwei Tonnen im Jahr.

Hier könnten Sie jetzt verschiedene CO_2-Fußabdrücke einzeichnen. (Falls Sie ebenso schlecht zeichnen wie der Autor, tut es notfalls auch ein »Quadratfuß«!)

DER CO_2-FUSSABDRUCK EINES DURCHSCHNITTSDEUTSCHEN

CO_2-FUSSABDRUCK EINES DURCHSCHNITTSCHINESEN

Eine weitere Anregung: Unter www.myfootprint.org können Sie in knapp 10 Minuten durch Beantwortung einer Reihe einfacher »Multiple-Choice-Fragen« Ihren persönlichen ökologischen Fußabdruck errechnen lassen, und zwar in Hektar (ha) ausgedrückt. Der durchschnittliche Fußabdruck eines Deutschen liegt bei 4,7 ha. Der Planet kann aber nur etwas weniger als zwei ha verkraften. Anders ausgedrückt: Wir würden zwei bis drei Erden benötigen, wenn alle Menschen einen Lebensstil wie wir Deutschen hätten.
Auch bei www.co2-rechner.bayern.de wird Ihnen Ihr CO_2-Fußabdruck ausgerechnet. Ähnliches wird Ihnen bei www.ecofoot.org geboten.

KLIMAGERECHTIGKEIT

Angesichts obiger Zahlen erheben die Entwicklungsländer zu Recht ihren Anspruch auf eine angemessene Verteilung der »Verschmutzungsquoten«. Sie sprechen von einer Bringschuld der Industrieländer, denn diese haben in den letzten Hundert Jahren ihr Wachstum enorm vorangetrieben zu Lasten der Umwelt und indirekt auch der ärmeren Länder.
Mit welchem Recht sollte einem US-Bürger fast sechsmal so viel Luftverschmutzung wie einem Chinesen oder einem EU-Bürger beinah elfmal so viel Dreckverursachung wie einem Inder zugestanden werden?

Noch viel extremer klaffen die Werte auseinander im Vergleich zu den ärmsten Bewohnern dieser Welt wie Nepalesen, Haitianer und Bewohner einiger afrikanischer Länder.
Konsequenterweise spricht Dr. Klaus Töpfer, der ehemalige Exekutivdirektor des Umweltprogramms der Vereinten Nationen (UNEP), von einer »ökologischen Aggression« des Nordens gegen den Süden.

SONDERFALL VOLKSREPUBLIK CHINA

Die Volksrepublik China, hier verkürzt als China bezeichnet, ist schon wegen ihrer enormen Bevölkerungszahl ein Sonderfall: Etwa 1,4 Milliarden Menschen leben hier, d.h. zwischen einem Viertel und einem Fünftel der Weltbevölkerung.
Bei uns macht China vor allem Schlagzeilen wegen seines rasanten Wirtschaftswachstums, Produktpiraterie, technologischer Fortschritte, Todesstrafe, fehlender Menschenrechte, Unterdrückung von Minderheiten – um nur einige Dinge zu nennen.
Trotz aller gerechtfertigten Kritik ist ebenfalls festzuhalten, dass der Westen indirekt auch von der chinesischen Politik profitiert: Ohne die »1-Kind-Politik« würde die Bevölkerung des heutigen Chinas um etwa 300 Millionen armer Chinesen größer sein – natürlich mit der entsprechenden Umweltbelastung.
Außerdem muss man anerkennen, dass von 1990 bis heute wohl mehr als 200 Millionen Chinesen durch das enorme Wirtschaftswachstum aus der gröbsten Armut gerissen wurden. Gröbste Armut wird hier definiert mit einem Tagesverdienst von weniger als einem US-Dollar *(Lv 4, S. 315).*

Häufig wird im Westen überwiegend die boomende chinesische Wirtschaft bewundert oder mit Sorge betrachtet. Dabei darf nicht vergessen werden, dass die Volksrepublik mit enormen Problemen zu kämpfen hat. Folgende unvollständige Aufzählung verdeutlicht die Situation:

Etwas mehr als ein Drittel der chinesischen Bevölkerung lebt nunmehr in großen Städten. Das bedeutet eine forcierte Urbanisierung mit dem Niederreißen ganzer Stadtviertel oder Straßenzüge mit entsprechenden sozialen Folgen, zig Millionen von weitgehend rechtlosen Wanderarbeitern, die vom Land aus auf der Suche nach Arbeit von Baustelle zu Baustelle ziehen, die Verarmung und Rechtlosigkeit von etwa einer halben Milliarde Bauern. Ferner: das soziale Ungleichgewicht zwischen Stadt und Land, wo das Einkommen weniger als ein Drittel des städtischen beträgt, in einem Jahr Tausende heftiger sozialer Proteste von Bauern, Arbeitslosen, Rentnern oder aus ihren Häusern bzw. von ihrem Land vertriebener Menschen, die Glitzerwelt der Millionäre oder sehr gut Situierten in den großen Städten der Ostküste, die mit dem ärmlichen Leben in den Provinzen kontrastiert, wo sich eine Armutsbevölkerung von 200 Millionen Menschen unterhalb oder nahe des Existenzminimums durchschlagen muss.

Auch die deutliche Überzahl junger Männer gegenüber Frauen sowie die Überalterung der Bevölkerung werden für die chinesische Regierung in zehn bis zwanzig Jahren erhebliche zusätzliche Herausforderungen darstellen.
An dieser Stelle interessieren uns allerdings in erster Linie:

DIE UMWELTPROBLEME CHINAS

Die Kehrseite des rasanten chinesischen Wirtschaftsbooms ist die enorme Zerstörung der chinesischen Umwelt. Heutzutage geht man davon aus, dass der jährliche Zuwachs des chinesischen Bruttosozialprodukts von gut 10 % voll und ganz für die »Reparaturen« der Umwelt eingesetzt werden muss.

16 von 20 Großstädten der Welt mit der stärksten Luftverschmutzung befinden sich in China. Die gewaltigen Umweltschäden beeinträchtigen die Lebensqualität der chinesischen Bevölkerung ganz erheblich. Dazu finden Sie im Atlas der Globalisierung zahlreiche Beispiele *(Lv 5, S. 158–165)*.

Wir benennen hier nur folgende gravierende Probleme:

Dem Gelben Fluss (Huangho), einem der mächtigsten Ströme der Welt, wurde so viel Wasser für landwirtschaftliche Zwecke abgezapft, dass er 1997 an seiner Mündung ausgetrocknet war. 2003 war sein Wasserstand der niedrigste seit einem halben Jahrhundert. Gut 10 % aller großen und kleinen Flüsse Chinas sind bereits ausgetrocknet oder drohen zu versiegen.

An den Flussufern des Jangtse sind 85 % des Baumbestandes abgeholzt worden, was die Hauptursache für die verheerenden Überschwemmungen von 1998 war mit 18 Millionen Obdachlosen und 4000 Toten. Ebenfalls am Jangtse ist nun der umstrittene »Dreischluchtenstausee« entstanden. Es ist der größte Stausee der Welt mit einer Wasserfläche größer als die Schweiz.
Mehr als 1,2 Millionen Menschen wurden umgesiedelt, die ökologische Vielfalt dieser Region ist gefährdet. Die Wasserqualität an etlichen Stellen des Stausees wird von chinesischen Umweltschützern als mangelhaft bezeichnet.

Insgesamt ist die Wasserqualität von zwei Dritteln aller chinesischen Flüsse und Seen katastrophal, zum Teil ist das Wasser hochgradig verseucht oder gar vergiftet, da Industriebetriebe ihre Abwässer mehr oder weniger ungefiltert einleiten. Die Schadstoffe in Luft und Wasser sowie der verstärkte Einsatz von Pestiziden und Düngemitteln haben zu einer bedeutenden Zunahme von Krebserkrankungen geführt. Krebs ist nunmehr die häufigste Todesursache in China.
In vielen Landesteilen klagen die Bauern über ein Absinken des Grundwasserspiegels. Mehr als 300 Millionen Chinesen haben keinen Zugang zu sauberem Trinkwasser. Aber es gibt nicht nur Probleme mit dem Wasser, sondern auch mit dem Boden. Im Norden Chinas leidet fast die Hälfte des Gebietes unter Bodenerosion. Beijing (Peking) wird regelmäßig von Sandstürmen heimgesucht. Die ersten Sanddünen sind bereits 70 km vor der Hauptstadt angelangt. Über der Hauptstadt hängt häufig eine Smogglocke. Es riecht nach Kohle, Auto- und Industrieabgasen. Die Luft soll etwa fünfmal schmutziger sein als in New York.

Durch die Straßen wabern regelmäßig Smogschleier. Die Sichtweite beträgt dann ca. 50 m. Es kommt nicht selten vor, dass Eltern von Kleinkindern angewiesen werden, ihre Kinder wegen der hohen Luftverschmutzung nicht ins Freie zu lassen.

Die Kombination aus staubiger Trockenheit und extremer Luftverschmutzung macht den Einwohnern Beijings schwer zu schaffen. Die Luftverschmutzung erhöht sich kontinuierlich durch Tausende von Baustellen, auf denen rund um die Uhr gearbeitet wird sowie durch etwa 2,5 Millionen Autos mit täglich 1000 Neuzulassungen und etliche Industrieanlagen.

Angesichts dieser Zustände plant die chinesische Regierung für die ausländischen Besucher der Olympischen Spiele 2008 eine merkliche Verbesserung durch drakonische Maßnahmen, wie partielle Fahrverbote, Drosselung der Industrieproduktion in und um Peking, Bau von Umgehungsstraßen etc.

So weit zur Hauptstadt Chinas. Landesweit lässt ein Temperaturanstieg von etwa 1,5 Grad seit 1950 die Himalajagletscher abschmelzen, die den Gelben Fluss speisen. So soll der Halonggletscher in 30 Jahren bereits 17 % seiner Masse verloren haben. Insgesamt sind die chinesischen Gletscher im Laufe des 20. Jahrhunderts um 21 % geschrumpft. Setzt sich diese Tendenz fort, dann wären wegen der Wasserverknappung die Ernten der wichtigsten Agrarprodukte stark beeinträchtigt *(Lv 6)*. Die Industrieproduktion und insbesondere die Herstellung von Kraftfahrzeugen steigen beständig. Folglich wird auch der CO_2-Ausstoß weiter zunehmen.

Ein zusätzlicher Faktor für die kräftige Luftverschmutzung sind die ca. 750 Tag und Nacht vor sich hinglimmenden oder brennenden Kohleflöze im Nordosten des Landes. Sie befinden sich in einem überwiegend trockenen, 5000 km x 400 km großen Gebiet, das zum Teil schwer zugänglich ist. Abgesehen davon, dass diese Schwelbrände einen enormen volkswirtschaftlichen Verlust bedeuten, wird geschätzt, dass sie wenigstens 2 % des weltweiten CO_2-Ausstoßes ausmachen.

ZWEI DER ETWA 750 BRENNENDEN KOHLEFLÖZE IN CHINA

Angemerkt sei, dass weltweit die meisten brennenden Kohleflöze in China existieren. Etliche andere Staaten auf mehreren Kontinenten schlagen sich jedoch mit demselben Problem herum – unter ihnen mehrere Bundesstaaten in den USA, Brasilien, Indonesien ...
Hier sollte vielleicht die UNO über die Einrichtung einer »Spezialfeuerwehrtruppe« nachdenken, da es sich um ein globales und für das Weltklima äußerst schädliches Phänomen handelt.

Schon heute ist die Lebensqualität vieler Chinesen durch die zerstörte Umwelt deutlich beeinträchtigt. Wie erwähnt, liegen vier Fünftel der dreckigsten Großstädte der Welt in China.
Die Tendenz durch den Klimawandel geht zu häufigeren Taifunen mit Überschwemmungen im Süden, längeren Hitzeperioden mit Dürren im Landesinneren, Staubstürmen im Norden.
Gar apokalyptisch wären die Folgen bei einem erheblichen Anstieg des Meeresspiegels: Die Megastadt Shanghai und Umgebung würden unter Wasser gesetzt. Bis zu 40 Millionen Menschen müssten allein diese Region verlassen *(Lv 6a, S. 205)*.
Die chinesische Umweltschützerin von Greenpeace in Peking, Ailun Yang, meint: »In 10–20 Jahren werden sich viele Millionen Chinesen als Opfer des Klimawandels sehen« *(DIE ZEIT, Nr. 47, 16.11.06)*.

In diesem düsteren Gesamtbild erscheinen aber durchaus auch helle Flecken. Zunächst sollten wir nicht vergessen, dass China ein altes Kulturvolk ist, ein Volk der Erfinder und Denker, intelligent und schnell. Darüber hinaus hat es in der chinesischen Geschichte immer wieder große Bauernaufstände gegeben. Unter anderem stellt sich die Frage: Werden sich die Menschen – insbesondere die Bauern – in China die Zerstörung ihrer Lebensgrundlagen (Boden, Wasser, Luft) in Zukunft gefallen lassen und untätig zuschauen?

Seit 1993 haben sich die kollektiven öffentlichen Proteste verzehnfacht. 2005 soll es 87.000 gegeben haben. Die meisten Aktionen der chinesischen Bauern richteten sich gegen Landumwandlung und Vertreibung, Korruption und Zweckentfremdung öffentlicher Mittel, 20% gegen Umweltverschmutzung *(Lv 6b)*.

Seit kurzem ist auch die chinesische Regierung alarmiert. Mit dem bisherigen ungebremsten Turbo-Kapitalismus scheint irgendwann ein »Ökokollaps« nicht mehr ausgeschlossen. Die gravierenden Umweltprobleme bedrohen die Nahrungsmittelsicherheit, was zu einer politischen Destabilisierung führen kann. Anstatt von ungebrochener Wachstumsideologie wird immer häufiger von Umweltproblemen, schärferen Abgasnormen, Wichtigkeit der Energieeffizienz und Energiesparvorschriften gesprochen. Umweltschutzgruppen werden geduldet und gelegentlich unterstützt.

Heute gibt es in China an die 100 regierungsunabhängige Umweltschutzorganisationen, von denen z.B. Greenpeace und der Global Nature Fund ihr Engagement in China beständig erhöht haben. Auch einige deutsche Umweltschutzorganisationen kooperieren mit chinesischen Partnern *(taz v. 31.10.06)*.

Viele Pläne und Programme bestehen zunächst nur auf dem Papier, das bekanntermaßen geduldig ist. Hinzu kommt, dass die Zentralregierung sehr häufig gar nicht in der Lage ist, gegen die Interessen der »Provinzfürsten« rigorose Gesetze durchzusetzen. Hier gilt dann das Motto: »Peking ist weit!«

So musste denn auch der chinesische Vizeumweltminister Pan Yue Anfang Januar 2007 einräumen, dass 2006 für Chinas Umwelt »das schlimmste Jahr« gewesen sei. Die ehrgeizigen Umweltziele seien »mit großem Abstand« verfehlt worden. Eine Studie der chinesischen Regierung ergab, dass China im Umweltschutz von 118 untersuchten Entwicklungs- und Industrieländern den Platz 100 einnimmt – eine seit 2004 unveränderte Position *(taz v. 29.1.07)*.

Ab Februar 2007, nach der Veröffentlichung des IPCC-Berichts, beabsichtigt China offenbar mit einem »Nationalen Plan zum Klimaschutz« eine klimapolitische Wende.

WARMWASSERBEREITUNG DURCH ZAHLREICHE SOLAR-
KOLLEKTOREN AUF DEN DÄCHERN LHASAS/TIBET

AUFFORSTUNG MIT WEIDEN UND PAPPELN AM FLUSS
YARLUN TSANGPO (BRAHMA PUTRA)/TIBET

Jahrzehntelang haben die USA und das industrialisierte Europa mit Deutschland an der Spitze viele Nachbarländer verpestet und tun es weiterhin. China fordert nun verständlicherweise Gerechtigkeit ein. Auf dem ASEM-Treffen der EU und 16 asiatischer Länder Ende Mai 2007 sagte der chinesische Außenminister Yang Jiechi über den Kohlendioxid-Ausstoß: »Es gibt Luxus-Emissionen, normale Emissionen und Überlebensemissionen. Unsere Emissionen sind für unser Überleben wichtig.« Damit - und ebenfalls mit seinem zusätzlichen Hinweis, dass der CO_2-Ausstoß pro Kopf ganz erheblich unter dem der Industrieländer liegt - hat er zweifelsohne Recht. Andererseits ist China natürlich wegen der enormen Bevölkerungszahl und des rasanten Wirtschaftswachstums auch zu einem Teil des globalen ökologischen Problems geworden.

So ziehen chinesische Rauchfahnen voller Schadstoffe nicht nur über die Nachbarländer hinweg, sondern gelangen bis Europa, Kalifornien und besonders nach Japan. Wie weit sich die Globalisierung bereits bei den Schadstoffen bemerkbar macht, zeigen mehrere hochinteressante Satellitenaufnahmen, auf denen die Konzentration von bestimmten Gasen über China, USA und Europa deutlich zu erkennen ist *(Lv 7, S. 124 ff.)*.

Wegen der gigantischen einheimischen Kohlevorkommen hängt China beim Energieverbrauch heutzutage noch zu 70 % von der Kohle ab. Da die Energieerzeugung aus der in China billigen Kohle für viele Jahrzehnte eingeplant wird, steht wie oben erwähnt u.a. das Thema Verbesserung der Energieeffizienz an vorderster Stelle. Hier gibt es übrigens enge Kontakte mit deutschen Firmen. Es heißt, dass 60 % der modernen Kohlekraftwerke mit deutscher Siemens-Technologie ausgestattet seien – mit steigender Tendenz.

Die Zeit drängt. Es liegt auch im Interesse des Westens und aller anderen Mitbewohner dieses Planeten, dass China möglichst schnell die neuesten und besten Technologien zur Reduzierung des Treibhausgasausstoßes erhält – notfalls, für manche sicher eine grausige Vorstellung – als kostenlose Entwicklungshilfe. Angesichts dieser Herausforderung für die gesamte Menschheit muss die UNO beträchtlich reformiert, gestärkt und mit Vollmachten ausgestattet werden, denn einzelne Staaten sind nicht in der Lage, diese sich ständig verschlechternde Situation zu meistern. An dieser Stelle ist etwas ausführlicher auf China eingegangen worden. China steht aber beileibe nicht allein da mit einer schnell steigenden CO_2-Emission. Auch Indien macht in dieser Hinsicht zunehmend von sich reden. In etlichen Regionen Indiens trifft man auf ähnliche Probleme wie in China. Kein Wunder bei einer Bevölkerung von gut einer Milliarde Menschen und einem durchschnittlichen Wirtschaftswachstum von derzeit mindestens 8 % jährlich!

Nicht zu vergessen sind weitere bevölkerungsreiche Länder, wie z.B. Indonesien, Brasilien, Russland, Mexiko und Nigeria. Sie alle wollen leben und schlagen (noch?) denselben falschen Weg ein wie wir im industrialisierten Westen. Kann die Menschheit Vernunft zeigen oder verhält sie sich wie die Lemminge?

UNGERECHTE WELT: ARME LÄNDER – REICHE LÄNDER

Wie bereits festgestellt wurde, lebten und leben die industrialisierten Länder, auch was das Klima anbetrifft, zu Lasten der armen Länder. Die reichen Länder scher(t)en sich nicht im Geringsten darum, dass sie mit ihren Emissionen die Luft und zum Teil auch die Meere verpesten. Alles nach der Devise: »Uns die Waren und den Wohlstand – euch den Dreck«.

Die armen Länder müssen versuchen, ihren Bewohnern ein halbwegs menschenwürdiges Leben zu ermöglichen. Da die Armut und das Elend in vielen Ländern enorm sind, gibt es hier einen großen Nachholbedarf.

Genau wie China fordern diese Länder verständlicherweise von den industrialisierten Staaten das Abtragen einer Bringschuld. Im Klartext: Erst müssen die entwickelten Länder beginnen, ihren gigantischen Energieverbrauch und den Ausstoß von Treibhausgasen erheblich zu vermindern. Gleichzeitig ist es erforderlich, die armen Länder durch den Transfer neuester Technologien zu unterstützen. Eigentlich schreit das gigantische Wohlstandsgefälle auf diesem Planeten nach mehr Gerechtigkeit. Dazu gehören außer einer vorbildlichen Klimapolitik, Technologietransfer sowie dem Verzicht auf den Patentschutz letztlich ebenfalls faire Handelsbeziehungen und Unterstützung bei der Forschung.

Der malaysische Ökonom und Umweltaktivist Martin Khor forderte auf dem McPlanet-Kongress »Klima der Gerechtigkeit«, der Anfang Mai 2007 in Berlin stattfand: »Der Norden muss einsehen, dass er mehr tun muss als bisher, und seine historischen Klimaschulden anerkennen.« Und: »Ihr könnt eure Patente in Deutschland und den anderen Industrieländern ja auch behalten. Das reicht als Anreiz, denn für Unternehmen sind das die relevanten Märkte. Aber erlaubt bitte Indien, Malaysia oder Mali, eure Technologie ohne Patente zu nutzen.«
Diese Aussagen betreffen nicht nur den Technologietransfer, sondern auch Medikamente – hier besonders wichtig wegen der Aids-Bekämpfung.

Wohl nur durch dieses Umdenken und derartige Maßnahmen kann es gelingen, die armen Länder zu einer aktiven Klimapolitik zu bewegen und – mit Glück! – weltweit den Ausstoß von Treibhausgasen und somit die Klimaerwärmung in diesem Jahrhundert auf ein halbwegs erträgliches Maß zu reduzieren. Merke: Klimaforscher forderten bereits 1980 eine Steigerung von höchstens 1,5 Grad Erwärmung – jetzt wären alle hochzufrieden, wenn 2 Grad nicht überschritten würden.

Im Jahr 2007 veröffentlichte die Columbia-Universität in New York eine Studie, nach der die Klimaerwärmung einige Regionen und Länder zu Gewinnern und andere zu Verlierern werden lässt. Eine grobe Einschätzung besagt, dass die Länder der Nordhalbkugel eher zu den

Gewinnern und die der Südhalbkugel zu den Verlierern gehören. So werden Länder wie Norwegen, Finnland, Russland und Kanada eher profitieren, während etwa Bangladesch und Sierra Leone extrem verwundbar sind.

Ohne mehr weltweite Gerechtigkeit und internationale Zusammenarbeit wird es in der Klimapolitik wohl nicht den entscheidenden Durchbruch geben. Und ohne diesen Durchbruch wird die Welt womöglich in eine Katastrophe schlittern mit irgendwann vielleicht zig oder Hunderten von Millionen verzweifelter Umweltflüchtlinge.

GERECHTIGKEITSPROBLEME BESTEHEN:
- ZWISCHEN ARMEN UND REICHEN LÄNDERN
- ZWISCHEN DEN GENERATIONEN
- ZWISCHEN MENSCH UND NATUR

DENN AUCH DIE NATUR HAT ANSPRUCH AUF »GERECHTE« BEHANDLUNG, NÄMLICH SCHUTZ

Hartmut Graßl, ein international anerkannter Klimaforscher, erklärte: »Das Ziel der Klimakonvention, die Stabilisierung der Treibhausgaskonzentration zu erreichen, ist demnach frühestens 2070, 2080 möglich ... Machen Sie sich keine Illusionen, was das für ein Umbau ist. Denn wenn wir 150 Jahre in eine Richtung fahren, dann kann man doch nicht erwarten, dass ein oder zwei Jahrzehnte ausreichen, das ganze System in eine andere Richtung zu treiben« *(Lv 8, S. 9)*.

Die armen Länder wollen den niedrigen Lebensstandard ihrer Bevölkerungen anheben und müssen gleichzeitig Anpassungsversuche bezüglich der Folgen des Klimawandels unternehmen. Letztere sind wiederum kostspielig. Arme Länder besitzen aber meist weder Kapital noch moderne Technologie.
Dramatisch ist die Situation etlicher Inselstaaten. Die Regierungen der AOSIS (Vereinigung kleiner Inselstaaten), der immerhin 43 Staaten wie z.B. Tuvalu, Samoa und Marshall-Inseln angehören, könnten möglicherweise bei steigendem Meeresspiegel schon bald gezwungen sein, einen Teil der Bevölkerung zu evakuieren. Im Extremfall wären etliche dieser Staaten gar nicht mehr zu halten. Sie würden von der Landkarte verschwinden.

Auf Australien kommen voraussichtlich andere Probleme zu. Nach einer im Januar 2007 erschienenen australischen Regierungsstudie muss bis zum Jahr 2070 mit einem Temperaturanstieg von 4,8 Grad Celsius gerechnet werden. In neun von zehn Jahren würden in Australien Trockenheit bis Dürre herrschen. Ferner gehören zu den alarmierenden Prognosen: Hitzewellen bei gleichzeitigem Rückgang der Niederschlagsmengen um 40 % und häufige Stürme, welche die Buschfeuer kräftig anfachen. Ironie der Geschichte: Ausgerechnet Australien und die USA sind die einzigen Länder, die das Kyoto-Protokoll wegen »Wirtschaftsfeindlichkeit« nicht unterzeichnet haben!

Aber auch auf andere vergleichsweise reiche Industriestaaten, die zum Teil unter dem Meeresspiegel liegen, wie z.B. Holland, Belgien oder Norddeutschland, kommen gravierende Probleme zu. Allerdings können sich diese Länder durch ihren Reichtum und ihr technologisches Wissen relativ gesehen besser schützen als arme Länder.

DIE GLOBALEN FOLGEN

EXTREME WETTERSCHWANKUNGEN, STEIGENDER MEERESSPIEGEL

Bei ansteigenden Temperaturen laufen die Prognosen darauf hinaus, dass extreme Wetterschwankungen weltweit zunehmen. Das bedeutet starke Stürme, in tropischen Gefilden kräftige Hurrikane, Regen, Dürre und Wasserknappheit. In vielen Ländern kann das sogar heißen, dass in einem Landesteil kräftige Regenfälle niedergehen und in anderen zur gleichen Zeit extreme Trockenheit bis hin zur Dürre herrscht. In China ist dieses Phänomen schon mehrfach aufgetreten. Weltweit wird knappes Trinkwasser zu einem weiteren Problem. Und: Selbst ein so kleines Land wie Deutschland muss mit zunehmenden Wetterkapriolen rechnen.

Die von Klimaforschern vorhergesagten Wetterextreme treten offenbar bereits jetzt in Europa auf: Im Juli 2007 verursachten sintflutartige Regenfälle in Teilen von England und Süddeutschland verheerende Überschwemmungen. Zur gleichen Zeit litten die Menschen im nur einige hundert Kilometer entfernten Süd- und Südosteuropa unter einer andauernden Gluthitze mit Spitzentemperaturen von 45 Grad. Die Folgen: zahlreiche Tote, verbreitete Waldbrände, gravierende materielle Verluste. So wurden die Sachschäden allein im fränkischen Baiersdorf auf fast 100 Millionen Euro und in England gar auf über drei Milliarden Euro geschätzt! Ist der Klimawandel daran schuld? Jedenfalls führte das Wissenschaftsmagazin »Nature« in einer Studie vom Juli 2007 die Überschwemmungen in England auf den von Menschen verursachten Klimawandel zurück..

WIR ALLE MÜSSEN MIT ZUNEHMENDEN WETTERKAPRIOLEN RECHNEN!

VERSTÄNDLICH!

Des Weiteren ist der Anstieg des Meeresspiegels weltweit eine Tatsache. Noch 2001 ging der UN-Klimarat IPCC – die weltweite Plattform von Wissenschaftlern zum Thema Klimaforschung – von einem Anstieg des Meeresspiegels von zwei Millimetern pro Jahr aus.
Tatsächlich stieg er jedoch seit 1993 jährlich um 3,3 Millimeter an. Der Klimaforscher Stefan Rahmstorf vom Potsdam-Institut für Klimafolgenforschung warnte in der US-Wissenschaftszeitschrift »Science« vor einer denkbaren Erhöhung des Meeresspiegels zwischen 0,5 und 1,4 Metern bis 2100. Mojib Latif vom Leibniz-Institut für Meereswissenschaften der Universität Kiel (IfM-GEOMAR) prognostiziert einen weniger krassen Anstieg. Neuerdings soll auch das IPCC eher mit einer geringeren Erhöhung des Meeresspiegels rechnen, nämlich um 40 cm.
Wir haben es hier mit theoretischen Modellrechnungen zu tun. Kein Wissenschaftler kann heutzutage mit 100%iger Sicherheit die Zukunft voraussagen. Bedenklich ist jedoch, dass bisher viele Entwicklungen klimatischer Art eindeutig unterschätzt wurden. Wir sind daher sicherlich gut beraten, auch extremere Voraussagen als Möglichkeit in Betracht zu ziehen.

ERHEBLICHE VERLUSTE BEI DER BIOLOGISCHEN VIELFALT

Die globale Temperatur wird im Laufe der kommenden Jahrzehnte wahrscheinlich auf eine Höhe steigen, die es seit Millionen von Jahren auf dieser Erde nicht gegeben hat. Vor allem erhöht sie sich derart rapide, dass sich viele Pflanzen- und Tierarten nicht entsprechend schnell anpassen können.

Wie hoch der Artenverlust sein wird, kann niemand genau vorhersagen.
Allerdings gibt es mehrere Hypothesen, die im Wesentlichen besagen: Die Überlebensbedingungen bei Fauna und Flora verändern sich deutlich, teils zum Besseren, teils zum Schlechteren. Folglich wird es wenige Gewinner und viele Verlierer geben. Weltweit rechnet man mit einem Artenverlust zwischen 15 bis 30 %. Fraglich ist, ob und in welchem Umfang der Klimawandel oder andere Faktoren dafür verantwortlich sind.

PROFESSOR LEUSCHNER VON DER UNIVERSITÄT GÖTTINGEN
GEHT VON FOLGENDER GLOBALER BIODIVERSITÄT AUS:

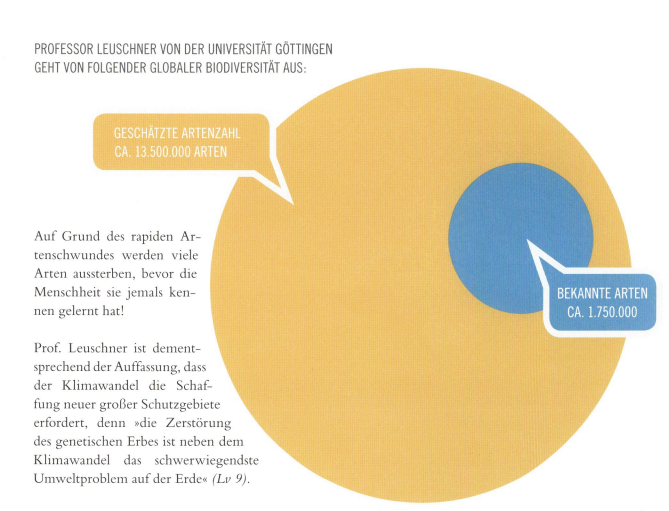

GESCHÄTZTE ARTENZAHL
CA. 13.500.000 ARTEN

BEKANNTE ARTEN
CA. 1.750.000

Auf Grund des rapiden Artenschwundes werden viele Arten aussterben, bevor die Menschheit sie jemals kennen gelernt hat!

Prof. Leuschner ist dementsprechend der Auffassung, dass der Klimawandel die Schaffung neuer großer Schutzgebiete erfordert, denn »die Zerstörung des genetischen Erbes ist neben dem Klimawandel das schwerwiegendste Umweltproblem auf der Erde« *(Lv 9)*.

In einigen Studien wird gemutmaßt, dass bereits bis zum Jahre 2050 – wahrhaftig kein St.-Nimmerleins-Tag! – bis zu ein Drittel der Arten vom Aussterben bedroht ist *(Rahmstorf Internet Fact sheets)*.
Eines der drängendsten Probleme ist der Erhalt der Artenvielfalt in den Meeren – eine wichtige Nahrungsquelle für die gesamte Menschheit. Hierzu heißt es bei Rahmstorf: »Das Leben in den Weltmeeren wird nicht nur vom Klimawandel bedroht, sondern vom nicht minder ernst zu nehmenden Problem einer steigenden Versauerung, die ebenfalls durch unsere CO_2-Emissionen verursacht wird« *(Rahmstorf fact sheet)*.
Schon die aktuelle Überfischung der Weltmeere ist Raubbau. Auf den Meeren findet ein wahres Massensterben statt. Hinzu kommen die Versauerung und die steigende Wassertemperatur mit den entsprechenden negativen Folgen für den Fischbestand.
Ein trauriger Aspekt ist auch das Ausbleichen und Absterben der Korallen in den tropischen Meeren - damit ist eine wahre Wunderwelt für Fische und andere Lebewesen bedroht.

DER ROTMEER-RIPPEN-FALTERFISCH IST EIN KORALLENFISCH, DER SICH AUSSCHLIESSLICH VON KORALLENPOLYPEN ERNÄHRT. DIESE FISCHFAMILIE HAT STARK UNTER DEM AUSBLEICHEN DER KORALLEN GELITTEN.

Das US-amerikanische Nachrichtenmagazin Newsweek widmete im Oktober 2006 seine Titelgeschichte dem Artensterben: »Global Warming's First Victim«.

Auf der Titelseite und innen auf einer ganzen Doppelseite prangte der farbenprächtige Harlekinfrosch (Atelopus varius) aus Costa Rica, der dort schätzungsweise eine Million Jahre gelebt haben mag, aber 1988 zum letzten Mal gesehen wurde.

Ähnliches gilt für die dortige Goldkröte (Bufo periglenes), erstmals entdeckt 1964, die ganz »unkrötig« strahlend orangerot gefärbt war.
Beide Arten gelten als Bioindikatoren für zahlreiche weltweite Frosch- und Krötenarten, die sich an die durch die Klimaerwärmung veränderte Umwelt nicht so schnell anpassen konnten und schon jetzt wohl für immer verschwunden sind.

Ein Bioindikator besonderer Art ist der Eisbär. Da der Frühling und die Eisschmelze früher einsetzen, verkürzt sich seine Jagdsaison. In 10 Jahren ging der Eisbärenbestand um 17 % zurück, Tendenz steigend. Im Jahr 2006 schätzte der WWF den Weltbestand der Eisbären auf maximal 25.000 Tiere, laut NABU sind es noch 22.000 Exemplare. Seit 2006 steht der Eisbär auf der Roten Liste der gefährdeten Tiere.

Natürlich ist nicht nur der Eisbär vom Rückgang der Gesamteisfläche betroffen. Er steht gleichzeitig für eine Reihe von Arten, die an den »Lebensraum Eis« hervorragend angepasst sind, wie Robben, Walrosse und Polarfüchse.

Die Temperaturerhöhung von nur 0,6 Grad Celsius im vergangenen Jahrhundert mag uns gering erscheinen. Tatsächlich hat diese vergleichsweise niedrige Steigerung weltweit gravierende Folgen im Tierreich nach sich gezogen: Temperaturerhöhungen der Meere, schmelzendes Eis (besonders in der Arktis), austrocknende Regenwaldgebiete in Australien und zunehmende Wüstengebiete. Überall waren Tiere betroffen. Sie mussten sich andere Lebensräume suchen, sich anpassen – oder sie verschwanden.

neue Freundschaften durch Erderwärmung

Ein weniger erforschtes Gebiet sind die Insekten. Doch gerade hier können die Konsequenzen alarmierend sein: Wärme liebende Insekten könnten sich vor allem bei gleichzeitig milden Wintern erheblich vermehren. Hier sehen wir uns mit einer potenziell bedrohlichen Entwicklung konfrontiert, wenn wir an Krankheiten übertragende Insekten denken wie Zecken, bestimmte Mücken- und Fliegenarten.

Die Land- und Forstwirtschaft muss sich wahrscheinlich auf ein deutlich vermehrtes Auftreten von Schädlingen wie etwa Mikropilze (Mehltau) oder Läuse einstellen.
Diesen sehr unangenehmen und teilweise gefährlichen Entwicklungen sind wir natürlich nicht hilflos ausgeliefert. Derartige Tendenzen müssen jedoch als neue Herausforderungen mit bedacht werden.

Alle diese negativen Folgeerscheinungen des Klimawandels sind nicht zwingend, ABER ...

Selbstverständlich wird es auch tief greifende Umwälzungen in der Pflanzenwelt geben. Welche Nahrungsmittel können in welchen Regionen produziert werden? Welche Baumarten werden bei höheren Temperaturen überleben?

Nicht zu vergessen ist, dass wir Menschen auch ohne Klimawandel einen erheblichen Druck auf Fauna und Flora ausüben. Bevölkerungszunahme, Erweiterung landwirtschaftlicher Gebiete, Waldrodungen, Entwässerung von Mooren, Industrieansiedlungen, Staudämme, Versiegelung des Bodens usw. verursachen ohnehin schon weltweit einen dramatischen Artenverlust.

Der Biologe Josef Reichholf vertritt im Gegensatz zu vielen anderen die Auffassung, dass »... viele Arten bedroht sind – aber nicht durch den Klimawandel. Die wirkliche Gefahr geht von der Vernichtung von Lebensräumen aus ... Das Klima wird zunehmend zum Sündenbock gemacht, um von anderen ökologischen Untaten abzulenken«. Er ist sogar der Meinung, dass sich durch die Klimaerwärmung die Artenvielfalt generell erhöhen kann *(Spiegel, Nr. 19, 7.5.07)*.

In späteren Kapiteln wird für Deutschland bzw. Europa anhand einiger Bioindikatoren exemplarisch dargestellt, wie sich der Klimawandel bereits jetzt z.B. bei Vögeln, Insekten und Bäumen auswirkt.

Leider können wir auch folgende Horrorvision nicht stillschweigend übergehen oder einfach in das Reich der Legenden verweisen:

HORRORVISION EISSCHMELZE: POLARKAPPEN, GRÖNLAND.
RELATIV (UN-)WAHRSCHEINLICH, ABER MÖGLICH

Wir haben bereits festgestellt, dass der Meeresspiegel zukünftig weltweit ansteigen wird, da der Klimawandel unter anderem auch zur Wassererwärmung führt. Warmes Wasser dehnt sich aus.

Es droht eine weitere Gefahr. Ihre Wahrscheinlichkeit ist umstritten und mit den heutigen Klimamodellen nicht klar vorhersehbar. Dennoch gibt es leider starke Indizien, die auf ein beschleunigtes Abschmelzen des Grönlandeises hindeuten. Einzelheiten hierzu bei M. Latif *(Lv 10, S. 49 ff.)*.

Zunächst eine kleine gute Nachricht: Das auf den Ozeanen schwimmende Eis (»Meereis«) würde beim Schmelzen NICHT den Meeresspiegel ansteigen lassen, da es bereits ein gleich großes Volumen an Wasser verdrängt.

Aber die Gletscher schmelzen weltweit. Besorgnis erregend ist das erhöhte Tempo des Schmelzprozesses in den letzten Jahrzehnten. Die riesigen Gletscherflächen in Peru und Bolivien, die beide Länder mit Trinkwasser und Wasser für die Landwirtschaft versorgen, sind seit 1989 um etwa 22 % geschrumpft.

Warum die Autoindustrie keine umweltschonenden Motoren bauen will...

In der Arktis erhöhen sich die Temperaturen doppelt so stark wie im globalen Durchschnitt. Die Folgen sind schon jetzt sichtbar. Der Permafrostboden taut auf, Häuser und Straßen versinken. Auch das Nordpoleis hat beträchtlich abgenommen: In den vergangenen 30 Jahren um fast 20%. Die Modellrechnungen des Hamburger Max-Planck-Instituts für Meteorologie halten einen eisfreien Nordpol ab 2080 für gut möglich.

Wirklich dramatisch wäre ein Abschmelzen des Grönländischen Eisschildes, dessen Volumen auf fast 3 Millionen Kubikkilometer geschätzt wird. An vielen Stellen Grönlands, dessen Fläche fast viermal so groß wie Frankreich ist, weist der Eispanzer eine Dicke von 3 km auf.
Noch schmilzt das Grönlandeis sehr langsam. Aber es schmilzt: In einem Jahrzehnt (1996–2005) sind 50 Kubikkilometer abgetaut. Das ist gemessen an einem Gesamtvolumen von etwas unter 3 Millionen Kubikkilometern relativ wenig.

DER ARKTISFORSCHER ARVED FUCHS BERICHTET ÜBER GRÖNLAND:

> »ZUM ERSTEN MAL SEIT VIELEN JAHRZEHNTEN – WENN NICHT SEIT MENSCHENGEDENKEN – HAT ES DORT KURZ VOR WEIHNACHTEN GEREGNET UND NICHT GESCHNEIT.«
>
> »FRÜHLING UND SOMMER SETZEN TEILS EINEN MONAT FRÜHER EIN.«
>
> »DIE FLIESSGESCHWINDIGKEIT VIELER GLETSCHER HAT SICH IN DEN LETZTEN JAHREN VERDOPPELT.«

Die Frage ist: Wird sich die Geschwindigkeit des Schmelzens mit steigender Temperatur deutlich erhöhen? Dann könnte der Untergrund auftauen, so dass über ihm wie auf einer Art Schmiere größere Eismassen direkt ins Meer gleiten würden.
Bis zum Jahr 2100 könnte das Grönlandeis so weit geschrumpft sein, dass sein Schmelzwasser den Meeresspiegel um geschätzte 10 cm erhöht haben würde. Hinzugerechnet werden muss eine Wasserausdehnung von 30–80 cm als Folge der Wassererwärmung. Über interessante Forschungen auf Grönland schreibt E. Kolbert in »Vor uns die Sintflut« (*Lv 11, S. 57 ff.*).

Sollte die globale Temperatur um drei Grad oder gar mehr ansteigen, was nach den neuesten Vorhersagen durchaus realistisch sein kann, könnte es zum Schmelzen der Gesamteisfläche Grönlands kommen. Die Konsequenz wäre ein Ansteigen des Meeresspiegels um sechs bis siebeneinhalb Meter.

Dieser Schmelzprozess würde sich voraussichtlich über einen langen Zeitraum kontinuierlich hinziehen. Zur Zeit hält man 600 Jahre oder mehr für realistisch. Das Eis könnte jedoch auch viel rasanter schmelzen.

Die Arktis beschreibt Arved Fuchs als eine Region, die sich in einem dramatisch schnellen Wandel befindet. So hat etwa das Auftauen der Oberfläche des Permafrostbodens zu Matsch äußerst kostspielige Verlagerungen von Siedlungen und Dörfern zur Folge, die seit 1000 Jahren auf Permafrostböden bestanden. Permafrostböden bedecken ein Riesengebiet, nämlich etwa ein Viertel der Landfläche der Nordhalbkugel.

Besonders bedrohlich: In dem kilometertief gefrorenen Erdreich lagern geschätzte 400 Milliarden des Treibhausgases Methan, das gut zwanzigmal treibhauswirksamer ist als Kohlendioxid.

Auch andere Indizien weisen auf ansteigende Temperaturen hin: So gelang es Arved Fuchs im Jahr 2002 zum ersten Mal, die Nordostpassage innerhalb eines Sommers mit einem Segelboot zu passieren.

Der bislang erforderliche Eisbrecher erübrigte sich mangels größerer Eismassen. Zwischenzeitlich haben bereits größere Schiffe diese Passage durchfahren, die zunehmend eisfreier wird. Wirklich apokalyptisch und eigentlich unvorstellbar wäre ein Schmelzen des Antarktis-Eisschildes. Sein Volumen wird auf ca. 27 Millionen Kubikkilometer geschätzt. Das ist etwa die neunfache Menge des Grönlandeises.

Keine Panik: Hier würde sich ein Abschmelzen, so es überhaupt dazu käme, voraussichtlich über mehrere Tausend Jahre hinziehen. Die aktuellen Klimamodelle geben für die Antarktis derzeit eher Entwarnung. Es wird sogar eine Zunahme der dortigen Eismassen für sehr gut möglich gehalten. Andererseits wurde in einer Studie des Wissenschaftsjournals Science im Mai 2007 darauf aufmerksam gemacht, dass die Aufnahmefähigkeit des Südpolarmeeres für CO_2 seit 1981 stetig zurückgegangen sei, was in den nächsten 25 Jahren zu einer Verschärfung des Treibhauseffekts führen kann.

STEHPARTY BEI MAGELLAN-PINGUINEN MIT ANGEREGTEN DISKUSSIONEN ZUM THEMA KLIMAWANDEL

Bei einem - gegenwärtig eher unwahrscheinlichen - Abschmelzen des Antarktis-Eises käme es theoretisch zu einer unglaublichen Katastrophe, einer Erhöhung des Meeresspiegels um mindestens 60 Meter *(Lv 10, S. 46)*.

Das Abschmelzen des Antarktis-Eises ist NICHT wahrscheinlich. Falls es jedoch irgendwann einmal einträte, müssten große Teile der Welt-Landkarte neu gezeichnet werden. Al Gore zeigt dazu eindrucksvolle Computersimulationen und Fotos in seinem Buch: Der ganze Süden Floridas, große Teile von San Franciscos Umgebung, Riesenflächen der Niederlande und Norddeutschlands stünden unter Wasser.

Noch katastrophaler wären die Folgen für Asien. Durch Überschwemmungen würden in Bangladesch und Kalkutta sechzig Millionen Menschen obdachlos werden. Aus Chinas Hauptstadt Beijing müssten mehr als 20 Millionen, aus Shanghai sogar 40 Millionen Menschen evakuiert werden. Weltweit käme es zu gigantischen Verwerfungen: Zig oder Hunderte Millionen von Umweltflüchtlingen wären unterwegs, um sich eine neue Bleibe zu suchen.

All das sind natürlich theoretische Hochrechnungen – keine handfesten Prognosen oder Wahrheiten. Aber an dem Beispiel Chinas sieht man, dass auch dieses Land größtes Interesse hat, aktiv beim Klimaschutz mitzuwirken *(Al Gore S. 198 ff.)*.

Mittelfristig könnte allerdings die Existenz der Inseln und Bewohner der 43 AOSIS-Staaten gefährdet sein *(s. Kap. »Ungerechte Welt: arme Länder – reiche Länder«)*.

Im Juni 2007 veröffentlichte der WBGU (Wissenschaftliche Beirat der Bundesregierung Globale Umweltveränderung) ein 200 Seiten umfassendes alarmierendes Gutachten, in dem aufgelistet wird, in welchen Gebieten die Erderwärmung für größte Probleme und Konflikte sorgen könnte. Grob gesagt sind durch Dürre und Wassermangel vor allem Afrika, durch Wetterextreme etliche Länder in Asien und ebenfalls die Karibik und der Golf von Mexiko stark gefährdet. Hier liegt ein großes Krisenpotenzial mit möglichem Krieg Arm gegen Reich.

Die Wissenschaftler fordern ein schnelles globales Handeln, um eine bedrohliche Entwicklung abzuwenden, die sich natürlich auch katastrophal auf die Länder des Nordens einschließlich Deutschland auswirken würde. Man denke nur an die möglichen Millionen Umwelt-Flüchtlinge.

Während die überwältigende Mehrheit der Klimaforscher weltweit die durch den Klimawandel drohenden Gefahren ununterbrochen analysiert und schildert, gefallen sich die meisten Regierungschefs und Politiker in der Produktion von Sprechblasen oder unverbindlichen Versprechungen.

Auch der von einem großen Teil der deutschen Presse beschworene angebliche „Riesenerfolg" des G8-Gipfels in Heiligendamm im Juni 2007 entpuppt sich im Wesentlichen als PR-Masche. Er zeichnete sich durch fehlende Substanz und die Vermeidung jeglicher verbindlicher Festlegungen aus. In der Auslands-Presse las man eher Dinge wie »Der Berg kreißte und gebar eine Maus« »...der Gipfel diente primär der Gesichtswahrung« »...unverbindliche Erklärungen...« und »unverbindliche Formulierungen bei den Reduktionszielen«.

Fazit: Wieder einmal verlorene Zeit.

DIE FOLGEN FÜR DEUTSCHLAND/EUROPA

Wir lassen diese unerfreulichen und gegenwärtig nicht zur Debatte stehenden Schreckensvisionen beiseite und schauen auf die nähere Zukunft.

Zunächst betrachten wir einige Bioindikatoren. Es wurden für Sie exemplarisch mehrere Vogel-, Insekten- und Baumarten ausgesucht.

Sie zeigen uns, wie die Natur auf den Klimawandel reagiert. Nicht immer lassen sich bereits heutzutage 100%ige Aussagen treffen. Allerdings werden deutliche Tendenzen erkennbar.

VÖGEL

Die Vogelkunde erfreut sich großer Beliebtheit. Sehr viele Beobachter haben in der Vergangenheit reichliches Datenmaterial zusammengetragen. Die Vogelwarte Helgoland hat länger als ein halbes Jahrhundert Vögel beringt. Infolgedessen liegen sehr viele Erkenntnisse über die Auswirkungen des Klimawandels auf Vögel vor.

Da wir schon viele negative Nachrichten über uns ergehen lassen mussten, beginnen wir dieses Kapitel mit dem Positiven: Zahlreiche besonders anpassungsfähige Vogelarten haben bereits begonnen, sich auf den Klimawandel einzustellen. In den letzten 40 Jahren legten etliche Zugvogelarten ihren Ankunftstermin aus dem Süden um durchschnittlich bis zu 11 Tage vor und ziehen im Herbst auch später zurück *(Nipkow/NABU, Zugvögel reagieren auf Klimawandel)*.

Da viele Arten in weniger weit entfernte Winterquartiere ziehen, wie z.B. Weißstörche, die zum Teil die Wintermonate im südlichen Spanien und nicht mehr in Afrika verbringen, ist die Verlustrate durch den verkürzten Vogelzug deutlich geringer.

Erfreulicherweise hat die Zahl der Störche in den letzten zehn Jahren weltweit um rund 37 % zugenommen. Der NABU erläutert: »Ein Grund dafür ist die Entstehung einer Überwinterungstradition von mehreren zehntausend Störchen in Spanien ... Bundesweit hat sich der Storchenbestand mit über 4000 Paaren etwas stabilisiert. Trotzdem kann keine Entwarnung gegeben werden, weil die Reproduktionsraten in vielen Gebieten rückläufig sind.«

Im »Winter« 2006/2007 blieben zahlreiche Kraniche in unseren Gefilden und machten bis zum Kälteeinbruch Ende Januar 2007 keinerlei Anstalten, nach Süden zu ziehen. Warum auch – bei **den** Temperaturen?

Auch andere Vogelarten, wie etwa Kiebitz, Stieglitz (Distelfink), Singdrossel, Star, Mönchsgrasmücke und Hausrotschwanz, versuchen zunächst noch in sehr geringer Zahl, aber tendenziell immer öfter, den ganzen Winter in Deutschland zu verbringen. Vor wenigen Jahrzehnten wurden sie noch als klassische Zugvogelarten angesehen.

HIER IRRT SICH »OPA« ZUM GLÜCK...

Wenn sie im Winter nicht nach Süden ziehen, besteht bei all diesen Arten die Gefahr, dass sie bei einem besonders harten Winter, an den sie nicht angepasst sind, sterben.

HAUSROTSCHWANZ

Andererseits profitieren diese Vogelarten davon, wenn sie zu Standvögeln würden, da sie während des Vogelzugs in manchen Ländern in Massen dem Vogelfang oder der Jagd zum Opfer fallen. Sogar neue Winterquartiere und Zugrouten werden von manchen Arten entdeckt. So fliegen z.B. Mönchsgrasmücken nicht mehr nach Südeuropa oder Nordafrika, sondern verbringen die Wintermonate in Südengland *(Lv 12)*.

Es gibt noch weitere »Gewinner«. Wärme liebende Arten, die früher fast ausschließlich im Mittelmeerraum zu Hause waren, breiten ihr Brutgebiet nach Norden aus. Anstatt einiger Dutzend Paare wie in der Vergangenheit brüten derzeit etwa 500 Paare des farbenprächtigen Bienenfressers – einer der schönsten Vogelarten Europas – in Deutschland (13). Hierzu mag die eine oder andere vogelschützerische Maßnahme mit beigetragen haben, aber mit größter Wahrscheinlichkeit ist der Klimawandel die Hauptursache dieser Entwicklung.

Als weiterer Nutznießer der Klimaerwärmung kann der Silberreiher angesehen werden. Dieser elegante und hübsche Vogel lebt in den Tropen und in den wärmeren Gegenden Südosteuropas. Ab 1995 wurden immer wieder einzelne Exemplare in Norddeutschland beobachtet. Seit 2004 erscheinen hier regelmäßig auch größere Schwärme von bis zu dreißig Silberreihern.

Gelegentlich werden auch schon andere südeuropäische Vogelarten wie Orpheusspötter und Felsenschwalbe in Deutschland beobachtet *(Lv 14)*.

BIENENFRESSER

SILBERREIHER

»Wo Licht ist, gibt es auch Schatten« – in diesem Fall gibt es bedauerlicherweise sogar mehr Schatten als Licht:

Weit nach Afrika hinein ziehende Langstreckenflieger (Transsaharazieher) unter den Vögeln, die sich aus genetischen Gründen offenbar nicht so schnell an den Klimawandel anpassen können, verzeichnen herbe Verluste wegen der so genannten Desynchronisation zwischen ihrem Brutzyklus und der Verfügbarkeit von Nahrung (z.B. Raupen) während der Jungenaufzucht. Sie kommen also erst bei uns in ihrem Brutgebiet an, wenn der Frühlingshöhepunkt der Insektendichte bereits überschritten ist. Viele Jungvögel sterben, weil zum Zeitpunkt ihres Ausschlüpfens kein optimales Nahrungsangebot mehr herrscht. Nicht selten sind auch schon die besten Brutplätze von anderen Arten besetzt.

PROBLEMATISCHE WOHNUNGSSUCHE DER LANGSTRECKENZIEHER ...

Hinzu kommt, dass das Überfliegen der sich ausbreitenden Wüsten und nahrungsarmen Regionen von diesen Vögeln größere Anstrengungen erfordert.
Diese Phänomene treffen z.B. auf Trauerschnäpper, Fitislaubsänger, Gartenrotschwanz, Pirol und Nachtigall zu *(Naturschutz aktuell, Nabu-Pressedienst, Mai 2004)*.

TRAUERSCHNÄPPER   KUCKUCK

Auch der populäre Kuckuck könnte als Langstreckenzieher in Schwierigkeiten geraten. Durch den früheren Brutbeginn seiner Wirtsvögel in Mitteleuropa, wie z.B. der Bachstelze, wird es für ihn problematisch, im Mai noch deren Nester mit Eiern aufzuspüren, da sie schon mit geschlüpften Jungvögeln besetzt sind.

Ein zusätzliches Problem könnte bei zunehmender Klimaerwärmung und dem damit einhergehenden Anstieg des Meeresspiegels auftreten. Im März 2007 machten Wissenschaftler des Alfred-Wegener-Instituts darauf aufmerksam, dass sich im norddeutschen Wattenmeer das Schlickwatt allmählich zurückzieht und sich grobkörnige Sandböden ausdehnen. Der Wattboden kann nicht mehr mit dem Meeresspiegelanstieg mitwachsen. Mittel- und langfristig könnten evtl. auch die Seegraswiesen, wichtige Kinderstube vieler Fischarten, gefährdet sein und dann möglicherweise auch die Salzwiesen. Diese sind ein wichtiger Brutraum und gleichzeitig Nahrungsgebiet für Zigtausende von Küstenvögeln. Potenziell könnten diese Wiesenflächen durch Überschwemmung abnehmen und im Extremfall ganz verschwinden.

Noch eine weitere Negativmeldung: Viele arktische Vogelarten, insbesondere mehrere Gänsearten, die zu vielen Tausenden bei uns den Winter verbringen, treten ihren Rückflug nach Osten wegen des bei uns früher beginnenden Pflanzenwachstums deutlich eher an als noch vor einigen Jahrzehnten. »Am Weißen Meer ist die Klimaerwärmung aber weniger ausgeprägt, in Sibirien noch nahezu überhaupt nicht. Dies bedeutet für die Gänse, dass sie dort eintreffen, wenn es noch kaum oder nichts zu fressen gibt. Damit können sie nicht erfolgreich brüten, und es ist zu erwarten, dass sich dies schon bald auf die Bestände auswirken wird«
(Bairlein Klimawandel und Vögel, IOC).

Erfreuen wir uns also an den positiven Entwicklungen, die anfangs aufgezeigt wurden. Aber wir dürfen die Augen nicht vor den negativen Auswirkungen verschließen. Die zukünftige Vogelwelt wird deutlich anders aussehen. Wie genau, das kann bisher nur vermutet oder tendenziell skizziert werden.

Insgesamt geht man gegenwärtig davon aus, dass es mehr Verlierer als Gewinner geben wird. Der drastische Artenschwund ist natürlich nicht nur auf den Klimawandel zurückzuführen. Auch die eingangs zitierten Faktoren wie die Zerstörung von Lebensräumen spielen eine wichtige, vielleicht sogar noch bedeutendere Rolle.

INSEKTEN

Auch bei den Insekten gibt es Gewinner und Verlierer. Zu den Gewinnern gehören logischerweise Wärme liebende und anpassungsfähige Arten. So war es für Naturbeobachter in Norddeutschland zunächst eine Überraschung, als Mitte der 1990er Jahre die ersten Wespenspinnen (Argiope bruennichi) auftraten. Das Verbreitungsgebiet dieser hübschen Radnetzspinne lag traditionell in den Mittelmeerländern und Südosteuropa. Seitdem tritt diese Spinne nicht mehr vereinzelt, sondern verstärkt auch im norddeutschen Raum auf.

Ähnliches gilt für die Streifenwanze (Graphosoma lineatum). Sie erscheint seit 10 Jahren z.B. im Hamburger Bereich an südexponierten warmen Hängen in zunehmender Anzahl. Ihr auffälliges rot-schwarzes Streifenmuster signalisiert, dass sie ungenießbar für potenzielle Fressfeinde ist. Für unsere Augen ist sie eine Bereicherung, da sie eine der schönsten heimischen Baumwanzen ist. Erwähnt sei auch die Königslibelle (Anax imperator). Sie ist eine der größten heimischen Libellenarten. Sie hat sich ebenfalls seit den 1990er Jahren zunehmend in Norddeutschland bis hinein nach Dänemark ausgebreitet.

WESPENSPINNE   FEUERWANZEN AUF WILDER MÖHRE

KÖNIGSLIBELLE

ADMIRAL

TAUBENSCHWÄNZCHEN

Schmetterlinge sind hervorragende Indikatoren für den Klimawandel, da sie schnell und sensibel auf veränderte Lebensbedingungen reagieren. Bei ihnen wird seit einiger Zeit so etwas wie eine »Völkerwanderung« verzeichnet. Nicht nur ihre Verbreitungsgebiete sind in Bewegung, sondern auch der Zeitpunkt ihres jährlichen Erscheinens.

Der Admiral zum Beispiel galt bisher als klassischer Wanderfalter, der jedes Jahr aus dem Mittelmeergebiet neu bei uns einwanderte. Inzwischen sind die Winter so mild, dass der Falter seit 10–20 Jahren immer häufiger auch bei uns überwintert *(Lv 15)*.
Außer dem Admiral können wohl auch der Große Fuchs, der Große Feuerfalter und das Taubenschwänzchen als Gewinner der Klimaerwärmung angesehen werden.

Das spektakuläre Taubenschwänzchen ist ein etwa 5 cm großer Falter, der wie ein Kolibri vor und zu den Blüten schwirrt. Mit seinem aufrollbaren Rüssel saugt er den Nektar aus den Blüten. Seit einiger Zeit ist er nicht nur in südlichen Gefilden, sondern ebenfalls nördlich der Mittelgebirge zu beobachten.

Zu den Verlierern werden Bewohner der Hochgebirgsregionen und (Hoch-)Moore sowie insbesondere die vielen Mohrenfalterarten (Erebia) gehören. Ebenfalls negativ betroffen sind Kälte liebende Falterarten wie Großer Eisvogel, Randring-Perlmutterfalter und Natterwurz-Perlmutterfalter – ihnen wird es bei uns allmählich schlicht zu warm.

RANDRING-PERLMUTTERFALTER

GROSSER EISVOGEL

Insgesamt ist bedauerlicherweise auch bei den Schmetterlingen ein kräftiger Rückgang der Artenvielfalt festzustellen. Letztlich ist ein weiteres Negativum bei den Insekten zu beobachten: Wie bereits im Kapitel »Erhebliche Verluste bei der biologischen Vielfalt« erwähnt, werden Zecken und so genannte Schadinsekten bei milderen Wintern überleben und somit zunehmen.

BÄUME

Wegen der langen Lebensdauer der Bäume ist es bisher noch schwierig, 100%ige Fakten zu liefern. Bestimmte Tendenzen sind hingegen bereits erkennbar, von denen ich Ihnen einige vorstellen möchte.

Wie empfindlich auch gesunde Bäume auf Klimaveränderungen reagieren, wird sehr anschaulich geschildert in »Wir Klimaretter«: Eine vom Orkan Kyrill umgestürzte 140 Jahre alte Buche in der Nähe von Leipzig »erzählt« anhand ihrer Jahresringe der Bodenkundlerin Christine Fürst über ihr Buchen-Leben. Die Mehrzahl der Jahresringe des Baumes zeugen von einem prallen Dasein. Ab 1946 erscheinen plötzlich zehn extrem dünne Jahresringe, da während des Zweiten Weltkriegs so viel Ruß und Staub aus den brennenden Städten in die Atmosphäre gedrungen war, dass das lokale Klima durcheinandergeriet. Es folgen dicke Ringe von mehr als 30 guten

Jahren. Dann aber ab Mitte der 1990er Jahre werden die Jahresringe immer enger. In den letzten fünf Jahren sind sie kaum noch zu erkennen, denn dem Baum ging es nicht gut. Wahrscheinlich macht sich die beginnende Klimaerwärmung am Beispiel dieser Buche schon bemerkbar. In solchen Fällen erzeugen die Bäume übrigens mehr Bucheckern (Samen) und weniger Holz. Weniger Holz bindet weniger CO_2. *(Lv 16, S. 241-251).*

Die Forstwirtschaft in Deutschland beschäftigt sich bereits mit diesem Problem. Schließlich ist von fundamentaler Bedeutung, welche Baumarten in einigen Jahrzehnten bei uns voraussichtlich gedeihen und welche schlechte Zukunftschancen haben werden. Ein durchgreifender, baldiger Waldumbau mit anderen Strukturen und anderen Baumarten dürfte unumgänglich sein.

Eine wahrscheinliche Entwicklung wird dahin gehen, dass deutlich mehr Mischwälder und in ihnen überwiegend Laubbäume wie Buchen, Hainbuchen, Erlen, Ahorne, Eschen und Kirschen gepflanzt werden. Generell gilt, dass Laubwälder, Alleen und Obstwiesen eine positivere Wasserbilanz haben, da sie mehr Regen speichern als Nadelbäume. Denn bei zunehmenden Wetterextremen, zu denen auch Dürreperioden und starke Stürme gehören werden, ist die Wasserspeicherung wichtig. Zu bedenken ist hierbei ferner, dass Laubbäume im Winter viel weniger Windwiderstand bieten als die immergrünen Nadelbäume.

Fichten werden in Deutschland und Mitteleuropa zu den Verlierern gehören. – Fichten wachsen heutzutage noch etwa auf einem Drittel der deutschen Waldfläche. Diese Baumart kann sich wegen ihrer Flachwurzeln nicht gut gegen Stürme behaupten. Bei den letzten Orkanen »Lothar«, »Wiebke« und »Kyrill« wurden ganze Fichtenbestände reihenweise umgelegt. »Kyrill« knickte in Europa im Januar 2007 ca. 62 Millionen Bäume um – davon einen erheblichen Teil an Fichten. Bei kräftigen Stürmen fallen Fichten etwa viermal so oft um wie Buchen und sogar achtmal so häufig wie Eichen. Außer der fehlenden Standfestigkeit wegen ihrer Flachwurzeln haben die Fichten den Nachteil, dass sie als eigentlich nordische Pflanzen die ansteigenden Temperaturen nicht gut vertragen können. Tendenziell wird der Fichtenbestand in Deutschland deutlich zurückgehen und mittel- bis langfristig wahrscheinlich ganz verschwinden.

Von allen Nadelbäumen hat die Weißtanne (Abies alba), der einst klassische deutsche Weihnachtsbaum – auch Edel-Tanne genannt –, die besten Zukunftsaussichten. Zurzeit gibt es von dieser Tannenart nur noch wenige Tausend Exemplare in Deutschland. Sie ist bei uns so selten geworden, dass das »Kuratorium Baum des Jahres« sie zum »Baum des Jahres 2004« erkor *(www.baum-des-jahres.de)*.

Ein weiterer »Baum des Jahres« (2007), nämlich die Waldkiefer, wird voraussichtlich auch vom Klimawandel profitieren. Sie kommt mit sehr wenig Wasser aus, das sie übrigens ebenfalls über die Nadeln aufnehmen kann. Sie ist anspruchslos und wächst auch auf sandigem Boden.

Als Beispiel für die Konsequenzen des Klimawandels kann das Bundesland Brandenburg gelten. Hier beauftragte die Landesregierung in Potsdam 2003 das Institut für Klimafolgenforschung, die Wirkung des Klimawandels auf die Region zu untersuchen. Die Ergebnisse der so genannten Brandenburg-Studie sind alarmierend:

Die Durchschnittstemperatur ist dort in den vergangenen Jahrzehnten um ein halbes Grad gestiegen. Die Folgen: sinkendes Grundwasser und weniger Niederschlag. Die Prognose lautet für 2050: Anstieg der Durchschnittstemperatur um geschätzte weitere eineinhalb Grad mit zunehmender Anzahl der Sonnentage und abnehmenden Niederschlagsmengen. Wenn in einigen Teilen Brandenburgs jährlich nur noch 400 Liter pro Quadratmeter fallen, ist die Grundlage für eine allmähliche »Versteppung« gelegt.

Für den Tourismus ergäben sich wahrscheinlich positive Effekte. Die Bäume und mit ihnen die Forstwirte hingegen wären die Leidtragenden. Die das Wasser schlecht speichernden Kiefernwälder müssten durch Mischwälder ersetzt werden.
Auch die Landwirte müssten umdenken. Der Maisanbau kann bei zunehmender Trockenheit eine sinnvolle Alternative sein. Die Potsdamer Klimaforscher fordern vom Land Brandenburg ein langfristiges Konzept ein, wie das knapper werdende Wasser zwischen privaten Haushalten, Industrie, Land- und Forstwirtschaft gerecht verteilt werden kann *(Lv 17)*.

In der Schweiz (Wallis) hat man beobachtet, dass die Kiefer auf besonders trockenen Standorten kränkelt und teilweise abstirbt. Dagegen verbreitet sich an diesen Stellen die Wärme liebende Flaumeiche üppig.

Auch in Deutschland werden sich voraussichtlich mediterrane Baumarten zunehmend wohler fühlen. Bei den Eichen sind tendenziell die erwähnte Flaumeiche und die Zerreiche kommende Gewinner.
Die Buche *(Fagus sylvatica)* wird zumindest an guten Standorten mit zu den Gewinnern gehören. Durch ihre tiefen Wurzeln kommt sie leicht an das Wasser heran, das die vorausgesagten verstärkten Winterregen fallen lassen. Hier gilt es zu bedenken, dass sie standortgerecht gepflanzt wird. Als feuchtigkeitsliebender Baum ist sie auf trockenen Böden deplatziert. Für diese Stellen wären eher Eichen geeignet.

Allerdings sind in Deutschland sowohl Buchen als auch Eichen erheblich geschädigt. Etwa 48 % der Buchen und 44 % der Eichen sind durch Luftverschmutzung, Trockensommer, sauren Boden und sauren Regen schwer in Mitleidenschaft gezogen worden. Der Klimawandel verschärft diese Situation.
Bei steigenden Temperaturen nehmen darüber hinaus weltweit die Waldbrände zu, was in Europa während der vergangenen Sommer besonders in Spanien und Portugal gut zu beobachten war. Auch auf anderen Kontinenten wirkt der Klimawandel als »Brandbeschleuniger« wie in Australien und Nordamerika. In den USA beginnt die Waldbrand-Saison früher und dauert länger. Dort hat sich in den vergangenen 35 Jahren die Zahl der Waldbrände vervierfacht *(Lv Spiegel Special, Neue Energien)*.

RECHTS: JUNGER BUCHENWALD (ROTBUCHEN) IM FRÜHLING

Auf ein etwas kurioses Beispiel der Anpassung an die Klimaveränderung weist der Dendrologe (Baumforscher) Dr. E. Seehann in einem Brief an den Autor hin:

»... Als Beispiel einer echten Profitierung von der Wärme-Situation möchte ich die Chinesische Hanfpalme (Trachycarpus fortunei) nennen, deren Anbau im Freiland vor 20 Jahren noch unmöglich war, die aber zumindest in Hamburg seit über 7 Jahren ohne jeglichen Winterschutz wächst. Am Deichtor in Hamburg sind die sechs Hanfpalmen etwa drei Meter hoch ...«

CHINESISCHE HANFPALMEN IN HAMBURG (DEICHTORPLATZ), 2007

So könnte man sich leicht vorstellen, dass bei uns bisher eher seltene mediterrane oder exotische, Wärme liebende Baumarten in Zukunft häufiger in Parks oder Alleen angepflanzt werden, wie etwa Jacaranda, Chinesischer Blauglockenbaum, Taschentuchbaum oder Judasbaum. Sie alle sind dekorative Baumarten mit sehr hübschen Blüten.

JUDASBAUM	BLAUGLOCKENBAUM

Zu ergänzen ist noch, dass mehr Bäume als heute in höheren (Berg-)Lagen wachsen werden, da sich mit zunehmender Erwärmung die Baumgrenze nach oben verschiebt.

Selbstverständlich wird es auch Anpassungen bei den Obstbäumen geben.
So reagieren bestimmte Apfelsorten schon auf einen Temperaturunterschied von ein bis zwei Grad. Die bekannte norddeutsche Sorte Holsteiner Cox – 1920 aus dem Samen des Cox Orange gezogen – hat Probleme mit höheren Temperaturen. Möglicherweise wird sie irgendwann ganz verschwinden. Profitieren könnte der aus Neuseeland stammende Braeburn, der in Norddeutschland seit einem Jahrzehnt angebaut wird und dort bereits etwas besser als erwartet gedeiht *(Lv 18)*. Zusätzliche interessante Informationen zur Artenvielfalt und zu Veränderungen durch den Klimawandel bietet der NABU unter www.Natur-im-Klimawandel.de

KLIMAPROGNOSEN FÜR DEUTSCHLAND

Der Potsdamer Klimaforscher Stefan Rahmstorf weist darauf hin, dass »die globale Temperatur gegenwärtig wahrscheinlich höher ist als jemals seit mindestens 1300 Jahren, vermutlich sogar noch viel länger ...« Gleichzeitig legt er Wert auf die Feststellung, dass es regional erhebliche Abweichungen vom globalen Mittelwert geben kann: In Mitteleuropa einschließlich Deutschland war es z.B. im Mittelalter ähnlich warm wie derzeit.

Ende Januar 2007 präsentierte das Umweltbundesamt eine neue Studie, die für etliche Regionen Deutschlands höhere Temperaturen prognostiziert (z.B. Täler von Rhein und Mosel, Kölner Bucht, mehrere Gebiete in Ostdeutschland). Die Sommer werden vielerorts wärmer mit weniger Niederschlägen. Spätestens ab Mitte dieses Jahrhunderts ist mit der Zunahme extremer Wetterereignisse – längere Trockenperioden, Niedrigwasser, kräftige Sommergewitter – zu rechnen. Gegen Ende dieses Jahrhunderts könnte es z.B. in Mecklenburg-Vorpommern bis zu 40 % weniger Regen geben.

Im Winter sind in den meisten Mittelgebirgen höhere Niederschläge zu erwarten. Bereits ab 2020/2030 wird es in den Wintermonaten wahrscheinlich etwa 10 nasse Tage mehr geben als gegenwärtig.

Obige Voraussagen haben natürlich nicht nur für die bereits erwähnten Bäume und für die Forstwirtschaft, sondern für die gesamte Landwirtschaft erhebliche Folgen. Wichtig wird z.B. die Auswahl der Kulturpflanzen.
Der Trend wird dabei zu Wärme liebenden Pflanzen wie etwa dem erwähnten Mais gehen.

Insgesamt betrachtet dürfte Deutschland eher zu den Gewinnern des Klimawandels gehören. Hier ist jedoch eine gewichtige Einschränkung zu machen: Sollte es weltweit zu größeren Umweltkatastrophen kommen, so würde Deutschland selbstverständlich davon ganz erheblich in Mitleidenschaft gezogen werden.

NORDDEUTSCHLAND: LAND UNTER?
Die große Sturmflut vom Februar 1962, die über die Nordseeküste hereinbrach, erreichte »nur« eine Höhe von 5,70 Metern über Normalnull.
Es war die schwerste Sturmflut seit rund 100 Jahren. In Hamburg forderte sie mehr als 300 Tote, weite Gebiete der Stadt standen unter Wasser.
Die bislang höchste Sturmflut mit 6,45 Metern ereignete sich bereits 14 Jahre später.
Bei weiter ansteigendem Meeresspiegel werden logischerweise auch automatisch die Sturmfluten höher.

Regional sind auch andere Faktoren wie die von Hamburg geplante Elbvertiefung einzukalkulieren. Diese ist ohnehin ökologisch kontraproduktiv und auch aus wirtschaftlichen Gründen nicht erforderlich. In einer 84 Seiten starken Studie des BUND vom Mai 2007 erklärt der Umweltgutachter W. Feldt u.a., dass 2005 nur drei und 2006 gerade einmal sechs Containerschiffe die bisherige Tiefe von 13,50 Metern ausgenutzt haben. Alle anderen großen Containerschiffe laufen Hamburg nämlich niemals voll beladen an, da vorher bereits in anderen Häfen erhebliche Mengen von Containern abgeladen werden. Auch in Zukunft würde sich das nicht ändern, da die Frachter breiter und nicht tiefer würden. Somit dürfte die bisherige Wassertiefe vollkommen ausreichen. Wenn der Hamburger Senat das Gegenteil behauptet, dann »lügt Hamburg schlichtweg«, fügt W. Feldt hinzu. Ferner ist zu berücksichtigen, dass bei höherem Wasserstand die Sturmfluten potenziell intensiver – vielleicht auch häufiger – werden.
Hamburg hat seine Deiche auf Höhen zwischen 7,60 und 8,50 Metern aufgestockt. Schutzmauern und Schleusen wurden gebaut. Bis 2012 soll das Gesamtprojekt »Schutz gegen künftige Sturmfluten« abgeschlossen sein.

Allerlei Sicherheitsvorkehrungen sind also getroffen und für eine »normale« Klimaentwicklung zweifelsohne adäquat. Aber was bedeutet heute schon »normal«? Leider können wir uns auf diese Normalität nicht verlassen.
Ziemlich pessimistisch – oder ist es Realismus? – äußerte sich hierzu Hermann Ott vom Wuppertal-Institut für Klima, Umwelt und Energie am 2.2.07 im Mitteldeutschen Rundfunk. Nach seiner Ansicht werden nahe am Meer gelegene Städte wie Hamburg, Rostock und Kiel wegen des steigenden Meeresspiegels auf lange Sicht unbewohnbar werden.
Aber was heißt »auf lange Sicht«? In 30, 100 oder 600 Jahren?

Möglicherweise werden wir in einem Jahrzehnt schlauer sein, wenn es weitere Erfahrungen und noch bessere Modellrechnungen gibt.
ABER in jedem Fall sollte man bereits jetzt Maßnahmen ergreifen und den steigenden Meeresspiegel bei Planungen mit berücksichtigen.

Vor diesem Hintergrund erscheinen direkt am Fluss liegende Großprojekte, wie etwa die Hamburger HafenCity und die Elbphilharmonie, ganz und gar nicht unbedenklich zu sein – auch wenn beide auf einer Höhe von 8 m über Normalnull angesiedelt sind.
Einig sind sich die Klimaforscher, dass sich der Meeresspiegel in diesem Jahrhundert um mindestens drei Zentimeter pro Jahrzehnt erhöhen wird.

Bei 100 Jahren wären das »nur« 30 cm, was sich ja ganz manierlich anhört.

Gleichzeitig geht man davon aus, dass es mit größter Wahrscheinlichkeit mehr heftige Niederschläge und häufigere Hochwasser geben wird.
Neuerdings hält man einen Anstieg des Meeresspiegels an der Nordseeküste von 40 bis 60 cm bis Ende dieses Jahrhunderts für realistisch.

Vor allem: Niemand kann den Extremfall ausschließen, dass bis zu einem Drittel der Hamburger Fläche in einhundert Jahren unter Wasser stehen könnte.

Der Hamburger Bürgermeister Ole von Beust meinte nach Veröffentlichung des IPCC-Berichts 2007, »dass die Sicherheit der Hamburger Deiche bis Ende des Jahrhunderts gewährleistet sei«. Kein einziger Klimaforscher würde sich wegen der zahlreichen Unwägbarkeiten dafür verbürgen. Allein das mögliche teilweise Abschmelzen des Grönlandeises ist ein erheblicher Unsicherheitsfaktor.

NEU IM KINO AB FEBRUAR 2007: »DER WAHRSAGER VON HAMBURG«

Es ist natürlich sehr beruhigend, wenn ein Bürgermeister die Gabe hat, so weit und mit solcher Kompetenz in die Zukunft zu schauen ...

Ganz zu Recht warf die Grün-Alternative Liste (GAL) dem genannten Wahrsager »Leichtfertigkeit« und »Verharmlosung des Klimawandels« vor.

HILFT JETZT NUR NOCH BETEN? – NEIN, NUR HANDELN!

Wenn der Klimawandel nicht weitgehend gestoppt werden kann, könnte die Welt bald (halb) auf dem Kopf stehen:

Nicholas Stern, ehemaliger Weltbank-Chefökonom, schreibt in seinem Gutachten für die britische Regierung, dass der Klimawandel möglicherweise größere Verwertungen mit sich bringen könnte als beide Weltkriege zusammen.

Der US-Wissenschaftler Dennis Meadows, Projektleiter für die Studie zum Buch »Grenzen des Wachstums«, Club of Rome, das bereits 1972 erschien, erklärte sinngemäß auf einer Veranstaltung in Hamburg im November 2006, dass Deutschland wegen des Klimawandels potenziell größeren Veränderungen unterworfen werden könnte als während des gesamten vergangenen Jahrhunderts.

Er fügte hinzu: »Und bedenken Sie, WAS in der Zeit alles geschah!«

DEUTSCHLAND: KEIN VORREITER IM KLIMASCHUTZ. LEIDER!

Bisher haben sich Griechen nicht besonders beim Klimaschutz profiliert. Daher ist es umso erfreulicher, dass der griechische EU-Umweltkommissar Stavros Dimas Klartext redet und von Deutschland einen deutlich größeren und konkreten Beitrag zum Klimaschutz einfordert – nicht nur in großartigen Reden. Schließlich stellen die Regierung der Bundesrepublik und bestimmte deutsche Kreise Deutschland gern als umweltpolitischen Musterknaben dar.

Richtig ist daran, dass die Bundesrepublik in einigen Bereichen weltweit führend ist, wie z.B. bei der Solar-, Wind- und Biomasseenergietechnik und wohl auch in der Kohletechnik. Ach ja, vielleicht auch Weltmeister im Mülltrennen.

Stavros Dimas widerspricht hingegen kategorisch dem Eindruck des Vorreiters im Umwelt- und Klimaschutz, den die Bundesregierung zu erwecken versucht und so gern aufrechterhält. Er führt aus, dass andere Staaten, wie etwa Schweden und auch Großbritannien, merklich weiter sind. Er appelliert an die Deutschen, »den schönen Reden Taten folgen zu lassen«. »Wenn Deutschland sich querstellt, dann macht der Rest Europas nicht mit.«

In der Tat hat die Bundesrepublik als die größte Wirtschaftsmacht in Europa die Verantwortung, als Vorbild zu dienen, anspruchsvolle Umweltziele zu definieren und auch selbst einzuhalten sowie Signale in puncto technischer Innovation zu setzen.

RUNTER VOM HOHEN ROSS! – WENIGER SELBSTGEFÄLLIGKEIT UND »SELBSTBEWEIHRÄUCHERUNG«!

Tatsache ist: Deutschland rangiert im Klimaschutz weltweit je nach Berechnungsart auf Platz 5 oder 7. Bei den CO_2-Emissionen steht Deutschland hinter den USA, China, Russland, Japan und Indien an sechster Stelle. Hierbei ist zu berücksichtigen, dass alle diese Länder erheblich höhere Einwohnerzahlen haben. Im Mai 2007 konnte man in der Presse lesen: »WWF: Deutsche Kohlekraftwerke sind die Dreckschleudern Europas«, denn von den zehn klimaschädlichsten Kohlekraftwerken der EU arbeiten allein sechs (!) in Deutschland. Darunter befinden sich auch einige der besonders schmutzigen Braunkohlekraftwerke.

Die Deutschen sind auch »tüchtige« Energieverschwender. Und jedes Jahr werden wir verschwenderischer: 2006 wurden wieder 0,7 % mehr Strom verbraucht als 2005 – und das bei dem ohnehin sehr hohen Verbrauchsniveau. Hinsichtlich der Energieeffizienz im eigenen Land sind wir zwar doppelt so gut wie die US-Amerikaner – weltweit bekannt als Umweltsünder Nr. 1, aber nur halb so gut wie die Japaner.

Oder nehmen wir den Papierverbrauch: Deutsche gehören weltweit zu den größten Papierverschwendern. Sie verbrauchen viel mehr Papier als etwa Franzosen oder Engländer. Und: Deutschland allein soll angeblich mehr Papier als Afrika und Südamerika zusammen verbrauchen!

Summa summarum: Sehen so Vorreiter im Klimaschutz aus?

BEISPIEL: DIE DEUTSCHE AUTOMOBILINDUSTRIE – EIN TRAUERSPIEL

Als negatives und abschreckendes Beispiel in Deutschland muss man sich etwas ausführlicher mit der Autoindustrie befassen. Ausführlicher deshalb, weil diese Industrie eine äußerst wichtige Rolle für die Arbeitsplätze und den Export spielt.

Im Februar 2007 wurde wie erwähnt ein alarmierender IPCC-Bericht über den Klimawandel veröffentlicht. Kurz darauf folgte die vollmundige Erklärung der deutschen Kanzlerin, dass der Klimaschutz während des deutschen EU-Vorsitzes eine hervorragende Rolle spielen solle. Gleich danach betätigte sich die Kanzlerin, kräftig unterstützt durch den deutschen Industrie-EU-Kommissar Verheugen und die deutsche Automobilindustrie, als eifrige Klimaschutz-Blockiererin.

Der Umweltkommissar Stavros Dimas wollte Ernst machen mit dem Klimaschutz und die Grenzwerte für die Autos in der EU bis zum Jahre 2012 auf einen CO_2-Ausstoß von 120 Gramm pro Kilometer festsetzen. Sofort kam massiver Widerstand aus Deutschland. Warum? Die deutschen Autos wären in der Tat im Nachteil gewesen, da der größte Teil der deutschen Autohersteller vor allem äußerst umweltschädliche und spritfressende Fahrzeuge herstellt.

Die deutsche Automobilindustrie hat nämlich vor lauter Bequemlichkeit, Arroganz und vor allem Profitgier in den letzten 15 Jahren bei der Entwicklung umweltverträglicher Fahrzeuge nichts zustande gebracht. In dieser Hinsicht mag es bei dem einen oder anderen Hersteller zaghafte Versuche und in einigen Labors auch schon Experimente gegeben haben. Dennoch muss man der deutschen Automobilindustrie insgesamt die »Saure Umweltgurke« zuerkennen. Die Deutsche Umwelthilfe warf den deutschen Autoherstellern zu Recht vor, »regelrechte Klimakiller zu produzieren«. Der BUND assistiert mit seiner Aktion »Versprochen. Gebrochen. Die Verantwortungslosen Drei. BMW, Mercedes, VW pfeifen aufs Klima.«

Das Sündenregister ist lang: Schon Anfang der 1990er Jahre gab es Gespräche zwischen der Automobilindustrie, Politikern und Umweltverbänden. Seitens der Autohersteller gab es damals bereits Versprechen, kleinere Autos und weniger Spritschlucker in den kommenden Jahren auf den Markt zu bringen. Es geschah jedoch nichts. 1997 wurde dann verbindlich zugesagt, bis zum Jahre 2005 einen Ausstoß von 120 Gramm CO_2 pro Kilometer zu erreichen. Als dieser Zielwert wiederum nicht eingehalten wurde, ließ die deutsche Automobilindustrie verlauten, dass bis zum Jahre 2008 140 Gramm und bis 2012 dann 120 Gramm erzielt werden würden. Die vorgegebene Reduzierung auf 140 Gramm für 2008 wird nach Expertenmeinung wiederum verfehlt werden.

Auch die nächste Hürde im Jahr 2012 scheint unüberwindbar. Abermals viel verlorene Zeit!

PS-Protze von BMW und Porsche mögen wirtschaftliche Erfolgsmodelle sein – sie gehören aber eindeutig in die Kategorie »Klimakiller«. Porsche-Chef W. Wiedeking hält ganz und gar nichts vom Klimaschutz. Laut Zeitungsberichten geniert er sich nicht, der EU vorzuwerfen, dass sie einen »Wirtschaftskrieg« gegen den Autostandort Deutschland führe.
Auch der neue Cheflobbyist Matthias Wissmann, ab 1.6.07 Präsident des VDA (Verband der Automobilindustrie) und ehemals Bundesminister für Verkehr (Hört, hört!), lobt die deutsche Autoindustrie trotz ihres Versagens und weist die von der EU geplanten Emissionswerte – die einzig richtige Antwort auf das völlige Scheitern der Selbstverpflichtung – empört zurück.
Und Bundesverkehrsminister Tiefensee versucht im April 2007 den »Dreckschleudern einen sauberen Pass« zu besorgen – so die Hamburger Morgenpost.
Das dreiste Vorgehen der Autoindustrie nach dem Motto »Angriff ist die beste Verteidigung« wird kräftig unterstützt durch die Bundesregierung. Sie hat die von der EU vorgeschlagenen CO_2-Grenzwerte von 120 Gramm bereits auf 130 Gramm pro Kilometer hochgedrückt. An weiteren Unterminierungen vernünftiger Vorschriften und Gesetze wird zum Wohle der Autoindustrie und zum Schaden des Klimas und der Allgemeinheit wohl weiter herumgebastelt.
Ein Trick ist z.B., dass die Regierung »großzügig« schon die per se nicht sehr guten Grenzwerte wie 130 Gramm CO_2-Ausstoß pro Kilometer akzeptiert – dann aber sofort deren Umsetzung um etliche Jahre hinauszögert. Die Devise muss jedoch lauten: »Klimaschutz JETZT!« Dazu ein passender Kommentar der taz vom 2.4.07: »Diese Industriehörigkeit der deutschen Politik ist ein Drama ... Wer die eigenen Ziele so krass verfehlt (wie die deutsche Autoindustrie), sollte den Mund halten – und den Gesetzgeber seine Arbeit machen lassen.«

Etliche Jahre lang hat die deutsche Autoindustrie versucht, den Katalysator und dann den Rußfilter für Dieselfahrzeuge zu verhindern. Hersteller in anderen Ländern waren da eindeutig fortschrittlicher, weniger behäbig und umweltbewusster. Sie bauten zeitig Autos mit Katalysatoren und Rußfiltern und entwickelten äußerst erfolgreiche und umweltschonendere Fahrzeuge mit Hybridtechnologie. »Guten Morgen, die deutschen Herren Vorstände und Manager!« ...
Das traurige Fazit: leere Versprechungen und großartige Selbstverpflichtungen, die nicht eingehalten werden und folglich nicht greifen. Es geht also nur mit klaren und straffen gesetzlichen Vorgaben. Deutsche Autobauer hinken umwelttechnisch international hinterher und haben teilweise den Anschluss verloren. So verwundert es nicht, dass auf den ersten drei Plätzen der relativ saubersten Automarken der in der EU erzeugten Fahrzeuge kein deutsches Auto zu finden ist, sondern Fiat, Citroën und Renault. Mercedes-Benz folgt auf Platz 12, VW auf Platz 14, BMW befindet sich an 15. und Audi an 17. Stelle! *(Lv 19, Quelle www.transportenvironment.org)*

Unter den ersten acht sparsamsten Benzinern erscheint wiederum kein einziges deutsches Autofabrikat: Am sparsamsten mit 4,3 Litern pro 100 km und einer CO_2-Emission von 104 Gramm pro Kilometer fährt der Toyota Prius Hybrid. Es folgen Citroën, Peugeot, Honda, Daihatsu und Renault. Ein umweltbewusster Zeitgenosse, der den Klimawandel ernst nimmt, wird derzeit wenig motiviert sein, ein deutsches Rambo-Fabrikat zu kaufen. Nachdem die hiesigen Autofabrikanten es in den letzten 15 Jahren nicht für nötig gehalten haben, sich aktiv für die Umwelt einzusetzen, sind nationalistische Vorwürfe gegen Käufer/-innen umweltschonender ausländischer Fahrzeuge völlig fehl am Platze. Für diese schweren Fehlentwicklungen müssten die dafür verantwortlichen Manager und Vorstände zur Rechenschaft gezogen werden. Traurig ist allerdings auch in diesem Fall, dass letztlich wieder die Arbeitnehmer die »Dummen« sein werden. Aber auch Gewerkschaften, Betriebsräte und alle Arbeitnehmer sollten nicht im alten Denken verharren. Sie müssen sich schon aus eigenem Interesse für eine zukunftsträchtigere Modellpolitik engagieren.

Im Frühjahr 2007 forderte nun endlich auch einmal die IG Metall die Arbeitgeber der Automobilindustrie auf, sparsame und damit umweltschonendere Automodelle zu entwerfen. Eine nur logische Konsequenz: Immer weniger Menschen sind bereit, Autos ohne Katalysatoren oder ohne Rußfilter zu kaufen.

Bei der bisherigen in Bezug auf den Umweltschutz verfehlten Modellpolitik sind akut zahlreiche Arbeitsplätze gefährdet. So verschärfen große Automärkte wie China und Kalifornien immer mehr die Autoabgasnormen. Andere Länder werden folgen.

Im März 2007 konnte man folgende Notiz lesen: »Der Klimarat der Vereinten Nationen befürchtet, dass sich die Zahl der Autos bis 2050 weltweit auf etwa zwei Milliarden erhöhen könne.« Das wäre eine Verdreifachung gegenüber 1997!
Noch eine aufschlussreiche Zahl in diesem Zusammenhang *(Spiegel Special, S. 126)*:

VON 1000 EINWOHNERN FAHREN AUTO:

IN DEN USA
IN CHINA 19

Sollte sich die Horrorvision des UN-Klimarats erfüllen, so wäre eine Verdreifachung des Autoverkehrs ohnehin nur mit anderen Automodellen möglich. Benötigt werden kleinere, leichtere und supersparsame Fabrikate. Mit derartigen Innovationen könnte die deutsche Autoindustrie punkten. Anstatt permanent Kapital und Forscherkapazitäten für technische Spielerei-Lizenzen und allerlei unnötigen Auto-Schnickschnack zu verschwenden, wäre ein sofortiger Einsatz dieser Mittel für sinnvolle und zukunftsträchtige Modelle erforderlich. Anderenfalls könnte es bald ein böses Erwachen geben.

Allerdings schlägt die deutsche Autoindustrie zum Teil geradewegs den falschen Weg ein. Unglaublich, aber wahr: Sie klagt gegen die fortschrittlichen und nötigen strikten Umweltauflagen des kalifornischen Gouverneurs A. Schwarzenegger!

> »WIRD EIN KIND VON EINEM HUND TOTGEBISSEN, ERFOLGT EIN LANDESWEITER AUFSCHREI NACH MAULKORBZWANG UND KAMPFHUNDEVERBOT. ABER MEHR ALS 5.000 VERKEHRSTOTE PRO JAHR LASSEN DIE NATION KALT.«

KATHARINA KOUFEN, TAZ V. 13.6.07

Übrigens liefert DaimlerChrysler seine E- und GL-Klasse für den kalifornischen Markt bereits seit einiger Zeit mit der besonders sauberen und verbrauchsarmen »Bluetec-Ausstattung« aus – wohlgemerkt nur, weil es die Gesetze so vorschreiben! Hier in Europa hingegen werden die Autos erst »demnächst« mit der neuen Technologie ausgerüstet. Unsere Umwelt und Lungen dürfen also getrost verpestet werden. Müssen wir uns das gefallen lassen?
Im Sommer 2007 kam der VW Passat »Blue Motion« auf den Markt. Die Limousine verbraucht 5,1 Liter Diesel auf 100 km und stößt 136 Gramm Kohlendioxid je Kilometer aus. Das ist noch nicht das Nonplusultra – aber immerhin ein später Anfang.

Man erkennt: Hier muss die Politik eingreifen. Ein Tempolimit auf Autobahnen von 100–120 km/h, wie es in zahlreichen Ländern üblich ist, sollte schnell umgesetzt werden. Bekanntermaßen nimmt der Abgasausstoß bei Geschwindigkeiten über 100 km/h überproportional zu.
Die Politiker könnten endlich mal mehr auf die Bürger als auf die Industrie hören: Rund zwei Drittel der Deutschen sind für ein Tempolimit auf der Autobahn. Über die Hälfte von ihnen hat Angst beim Autofahren. Selbst ein relativ hohes Tempolimit von 130 km/h würde laut Berechnungen des Verkehrsclubs Deutschland eine Vermeidung von mindestens zwei Millionen Tonnen CO_2 jährlich bedeuten. Und: Im Jahr 2005 starben von 662 auf deutschen Autobahnen Verunglückten allein 428 auf Streckenteilen ohne Tempolimit *(Lv 20)*.

Auch eine Maut für Autofahrten in die Stadtzentren ist überlegenswert. In London hat sie immerhin zu einem Rückgang des CO_2-Ausstoßes um 16 % geführt.
Ebenso ist eine andere Besteuerung von Kraftfahrzeugen überfällig. Hierzu haben DUH (Deutsche Umwelthilfe), VCD (Verkehrsclub Deutschland) und der BUND im März 2007 ein gemeinsames Konzept »Kfz-Steuer wird Klimasteuer« vorgestellt. Danach sollen für Spritfresser (= Klimakiller) erheblich höhere und für sparsame Autos entsprechend geringere Steuern bezahlen werden *(www.duh.de und www.vcd.org)*.

Abschließend zu diesem Kapitel noch zwei Bemerkungen: Die meisten Dienstfahrzeuge der Bundespolitiker weisen diese keinesfalls als »Vorreiter« aus. Ihr CO_2-Ausstoß liegt weit über den jetzt geforderten 130 Gramm pro Kilometer. Sollten nicht gerade Politiker Vorbilder sein?

Selbstverständlich müssen auch die deutschen Autokäufer endlich umdenken. Panzerähnliche Geländewagen und viel Sprit schluckende Luxuslimousinen sind Fahrzeuge des vergangenen Jahrhunderts.

MÄNNER ...!

DAS AUTO AN SICH ...

Ganz in den Hintergrund ist ja die grundsätzliche Diskussion über das Auto als Verkehrsmittel getreten, wie sie noch vor 10 bis 20 Jahren geführt wurde. Eine einzige Person in einem Auto zu den Hauptverkehrszeiten – und das in Deutschland hunderttausend- oder millionenfach, und zwar fast tagtäglich. Das kann ja eigentlich nicht der Weisheit letzter Schluss sein.

Die politischen Rahmenbedingungen müssen so verändert werden, dass der öffentliche Nahverkehr, die Eisenbahn, Mobilität per Fahrrad und zu Fuß preislich günstiger gestaltet und attraktiver gemacht werden. Denn 80–90 % aller Wege finden im Nahverkehr statt. Ungefähr die Hälfte aller Autofahrten führt nicht einmal fünf Kilometer weit.

Das Auto ist auch unter dem Gesichtspunkt der Energieeffizienz ein echtes Fossil: Skandalöse 70–80 % der vom Motor erzeugten Energie gehen verloren – z.B. durch den Auspuff an die Umwelt. Lediglich 20–30 % der Motorleistung kommen dem eigentlichen Zweck, nämlich der Fortbewegung, zugute. Hier besteht für die Industrie, Ingenieure und Tüftler noch eine gewaltige Herausforderung.

Bisher ist auch zu wenig über die effektive Schadensbilanz des Autoverkehrs gesprochen worden. Die Kosten durch Abgase, Feinstaub, Unfälle, Lärm, versiegelte Flächen, verminderte Ernteerträge, Folgen für den Klimawandel – all das ist schwer zu evaluieren.
Im Mai 2007 errechnete die »Allianz pro Schiene«, dass allein der Straßenverkehr in Deutschland Folgekosten von 77 Milliarden Euro verursacht.

Auch das Umweltbundesamt in Dessau hat eine Annäherungsberechnung versucht: Für jeden PKW müsste pro Liter Sprit ein Zuschlag von 32 Cent auf den bisherigen Preis berechnet werden. Für einen LKW entsprechend mehr.

Das sind zweifelsohne nur Annäherungswerte. Dabei sind z.B. weder Todesfolgen durch Feinstaubbelastungen noch die erheblichen Schäden an den Straßenbelägen insbesondere durch die LKWs berücksichtigt. All diese Kosten gehen zu Lasten der Steuerzahler und Krankenkassen.

KÖNNTE UND SOLLTE DEUTSCHLAND VORREITER IM KLIMASCHUTZ SEIN? JA, KLAR DOCH!

Exemplarisch ist die beschämende Rolle der deutschen Automobilindustrie dargestellt worden. Es gibt auch andere Bereiche beim Klimaschutz, in denen die Bundesrepublik durchaus keine vorbildliche Rolle spielt.

Ganz im Gegensatz zu den markigen Pro-Umwelt-Sprüchen der Bundesregierung vor EU-Gremien sind in Deutschland selbst nur symbolische, aber keinerlei durchgreifende Maßnahmen ergriffen worden.

Im Gegenteil: Wie oben ausgeführt, wird bei den Grenzwerten des CO_2-Ausstoßes der Autos kräftig von der Bundesregierung gebremst, CO_2-Zertifikate wurden zunächst an die Industrie verschenkt, anstatt sie zu einem saftigen Preis zu versteigern, über 26 Kohlekraftwerke sind geplant, Gesetze zur Energieeffizienz lassen auf sich warten ...
Wir sollten uns also nicht vom Gerede einlullen lassen und nur die tatsächlich ergriffenen Maßnahmen bewerten.

ABER auch das Positive soll gewürdigt werden: Das von der rotgrünen Regierung verabschiedete Erneuerbare-Energien-Gesetz (EEG) hat nicht nur zigtausende von Arbeitsplätzen geschaffen, sondern Deutschland zu einem der technisch führenden Länder in diesem Bereich gemacht. Über vierzig Nationen haben dieses Erfolgsrezept weltweit bereits kopiert.

Generell gesagt ist die Bundesrepublik in der Solar- und Windenergietechnik weltweit führend. Auch in bestimmten Sektoren der Effizienztechnologie hat sie viel Fortschrittliches zu bieten. Völlig unsinnig ist es nun, immer auf andere Länder mit dem Finger zu zeigen, wie grauenhaft etwa die Luftverschmutzung in chinesischen oder russischen Städten sei. Nach dem Motto: Sollen die anderen doch erst einmal etwas unternehmen, dann machen wir auch mit. S o kann es nicht gehen. Die starken und wirtschaftlich weit entwickelten Länder müssen beim Klimaschutz vorangehen. S i e sind in der Lage, weit reichende technische Verbesserungen, größere Effizienz und Innovationen zu schaffen. Das erfordert zunächst Investitionen in Forschung und Unterstützung für Forscher/-innen in Milliardenhöhe. Es ist gut angelegtes Kapital, das sich mittel- und langfristig auszahlen wird.

Außerdem: Deutschland ist ein Hochtechnologieland. Zu Recht können andere Länder erwarten, dass das technische Wissen Deutschlands für positive Entwicklungen mobilisiert und dadurch ein entscheidender Beitrag zum weltweiten Klimaschutz geleistet wird.

Sicherlich laufen in etlichen deutschen Unternehmen und Instituten augenblicklich sinnvolle Forschungen. So arbeiten etwa Wissenschaftler des Instituts für Kraftfahrwesen Aachen daran, den VW Golf TSI so zu modifizieren, dass er statt 7,2 Liter weniger als 5 Liter pro 100 km verbraucht. Und natürlich gibt es erfreulicherweise auch eine Reihe von Firmen, die für ihren Einsatz im Umweltbereich ausgezeichnet wurden.

Einige derzeit in der Bundesrepublik laufende Forschungsprogramme seien kurz dargestellt:

- »ZAUBERKOHLE AUS DEM DAMPFKOCHTOPF«

Dr. M. Antonietti und einige andere Wissenschaftler am Potsdamer Max-Planck-Institut für Kolloid- und Grenzflächenforschung haben ein Verfahren vorgestellt, mit dem sich Pflanzenmasse in Kohlenstoff und Wasser umarbeiten lässt.

Der Vorteil: Beliebige pflanzliche (Abfall-)Produkte wie Laub, Stroh, Holzstückchen, Kiefernzapfen können eingesetzt werden. Unter Zugabe von einigen Bröseln Katalysator wird alles bei Druck und Luftabschluss für 12 Stunden auf 180 Grad in einer Art Dampfkochtopf erhitzt. Während des Prozesses ergeben sich mehrere Zwischenstufen, deren Produkte z.B. als Schwarzboden zur Bodenverbesserung eingesetzt werden können. Außerdem würde Kohlendioxid so als Mutterboden langfristig gebunden werden. Als weiteres Zwischenprodukt kann eine Vorstufe von Erdöl gewonnen werden.

Noch ist dieses Verfahren erst im Labor praktisch erprobt. Aber in drei bis fünf Jahren könnte es, da es vielen anderen Methoden der Energieerzeugung aus Biomasse überlegen ist, einen Weg zu einer umweltneutraleren Energiewirtschaft eröffnen *(Lv 20a)*.

- FORSCHUNGSPROGRAMM »KLIMAZWEI«

»Nomen est omen«: Zwei Schwerpunkte bestimmen diese Fördermaßnahme des Bundesministeriums für Bildung und Forschung: Die Vermeidung oder zumindest Verminderung der Treibhausgasemissionen und die Anpassung an die schon jetzt unumgänglichen Klimaveränderungen und Wetterextreme. Im Mittelpunkt stehen praxisorientierte Handlungsstrategien.

Insgesamt werden 42 Forschungsprojekte gefördert. Zur Verdeutlichung seien folgende Beispiele herausgegriffen:

ERSTENS »VERMEIDUNG/VERMINDERUNG«: DAS DOCKINGPRINZIP

Emissionsreduzierte Nahverkehrssysteme sollen entwickelt werden. Dazu heißt es wörtlich: »Das Ziel ist die Realisierung eines neuartigen elektrischen Antriebskonzeptes, das es erlaubt, Fahrzeuge des öffentlichen Nahverkehrs – sowohl Busse als auch Bahnen – emissionsfrei, hocheffizient und mit geringen Aufwendungen für die Infrastruktur zu betreiben« *(www.klimazwei.de)*.

Zukunftsmodell zur Steigerung der Energieeffizienz in kleinen und mittleren Unternehmen (KMU), Maßnahmen zur rationellen Energienutzung und Verbesserung der Energieeffizienz werden für die KMU erarbeitet, zu denen etwa 90 % aller deutschen Industriebetriebe mit zum Teil erheblichem Energieverbrauch und entsprechenden klimarelevanten Emissionen gehören.

ENERGIEEINSPARUNG IM GARTENBAU
50 % Energieeinsparung im Gartenbau unter Glas wird propagiert durch den Einsatz neuartiger Glas-Folien-Kombinationen.

LOGISTIKUNTERNEHMEN
Die vom Verkehr ausgehenden Treibhausgasemissionen sind zwischen 1990 und 2005 um 1 % gestiegen, während in anderen Sektoren deutliche Reduktionen erreicht wurden. Für diesen Anstieg ist zum großen Teil der Straßengüterverkehr verantwortlich. In diesem Projekt wird an Maßnahmen zur Minderung der Treibhausgasemissionen im Logistikbereich gearbeitet.

FLUGVERKEHR
Kondensstreifen und die daraus entstehenden Zirruswolken können von hochfliegenden Flugzeugen hervorgerufen werden. Man schätzt, dass sie mit gut 2 % zum gesamten menschengemachten Treibhauseffekt beitragen. Durch Optimierung der Flugrouten und -höhen könnten diese Emissionen vermieden werden.

WINDANTRIEB FÜR FRACHTSCHIFFE
Der weltweite Schiffsverkehr ist für etwa 5 % der CO_2-Emissionen verantwortlich. Durch konsequente Nutzung von Windenergie in der Schifffahrt könnten theoretisch über 145 Millionen Tonnen CO_2 eingespart werden. Diese Menge entspricht immerhin etwa 15 % des gesamten CO_2-Ausstoßes der Bundesrepublik. Durch die SkySails-Technologie wären wahrscheinlich Einsparungen von 10–35% der Treibstoffkosten möglich. Über 60.000 Handelsschiffe und Fischereifahrzeuge könnten mit dem SkySails-System nach- bzw. ausgerüstet werden.

Das System besteht aus einem bis zu 160 Quadratmeter großen, gleitschirmähnlichen Zugdrachen, der von einer vollautomatischen Steuergondel eingestellt wird.
Mit dem Forschungsschiff »Beaufort« wurden bereits mehrere erfolgreiche praktische Fahrten durchgeführt *(www.skysails.de)*.

Im zweiten Bereich – der Anpassung an den Klimawandel – steht bei einigen Projekten die Landwirtschaft im Mittelpunkt:

WEIZENSORTEN

In diesem Projekt sollen Weizensorten entwickelt werden, die bestens an höhere Temperaturen angepasst sind und dementsprechend auch in Zukunft gute Ernteerträge bringen. Globale Klimamodelle prognostizieren einen Anstieg der Temperaturen von 2–5 Grad bis zum Ende dieses Jahrhunderts.

Dieses Projekt konzentriert sich auf Weizen, der in Deutschland und Europa die wichtigste Feldfrucht mit hervorragender Bedeutung für die Nahrungs- und Futtermittelerzeugung ist.
Der Hitzesommer 2003 brachte erhebliche Ertragseinbußen mit sich. Daraus können Rückschlüsse darauf gezogen werden, welche Weizensorten sich am besten an höhere Temperaturen anpassen.

OBSTBAU

Hier wird untersucht, wie anfällig die verschiedenen deutschen Obstanbaugebiete und Obstsorten bei der Klimaerwärmung sind.
Im Visier der Forscher befinden sich insbesondere Obstschädlinge wie der Apfelwickler.

Aber auch Projekte werden bearbeitet, die unmittelbare Auswirkungen für die Bevölkerung haben wie z.B.:

ANPASSUNG AN HITZEPERIODEN

Der Hitzesommer 2003 forderte in Europa etwa 30.000 Tote, besonders unter alten und kranken Menschen. Vor allem Frankreich, aber auch Deutschland waren hiervon betroffen.
Stadtplaner untersuchen die Frage, wie insbesondere für die städtische Bevölkerung – Städte sind Wärmebereiche – Hitzeperioden erträglicher gemacht werden können.

AUCH DER NIKOLAUS MUSS SICH DEM KLIMAWANDEL ANPASSEN!

Eine ausführliche Darstellung aller 42 Forschungsprojekte finden Sie unter www.klimazwei.de.

Positiv ist natürlich, dass alle diese Probleme angegangen werden und zudem eine Gruppe hochkarätiger Wissenschaftler die Projekte beratend unterstützt. Mit dem Deutschen Wetterdienst und dem Hamburger Max-Planck-Institut für Meteorologie besteht eine enge Zusammenarbeit.

Ausgesprochen ungenügend ist jedoch die finanzielle Ausstattung von »klimazwei«. Hier regiert offenbar noch der alte Geist des vergangenen Jahrhunderts, nämlich das Gießkannenprinzip und »klein-klein«. Für alle 42 Projekte stehen insgesamt gerade einmal 35 Millionen Euro zur Verfügung – ein eher lächerlicher Betrag angesichts der anstehenden Probleme.

Anfang 2007 kam es in Deutschland erfreulicherweise zu einer rasant zunehmenden Berichterstattung über den Klimawandel. Es scheint sich ein gewisses Problembewusstsein und vielleicht ja auch das zarte Pflänzchen eines langsamen Bewusstseinswandels zu entwickeln.

Im April 2007 gab es gleich mehrere positive Nachrichten: Die CSU traf sich zu einer Kabinettsklausur im Schneefernerhaus auf der Zugspitze zum Thema Klimaschutz, wo nicht nur die grüne Landtagsfraktion, sondern auch gleich zwei Dutzend Journalisten anwesend waren. Dort wurden etliche interessante Vorschläge diskutiert wie die Verpflichtung zu Hybrid- und Wasserstoffautos ab 2020 oder finanzielle Anreize für Energie sparende Gebäudesanierung.
Von der Bundesregierung wurde ein – zwar durchaus dringend verbesserungswürdiger – Energiepass für Gebäude beschlossen. Aber immerhin: Es ist ein erster kleiner Schritt in die absolut richtige Richtung.

Umweltminister Gabriel stellte einen Klimaschutz-Fahrplan mit 8 Punkten vor. Sein Ziel: Deutschland soll bis 2020 seine Treibhausgasemissionen um 40 % reduzieren.
Hoffentlich bleibt es hier nicht nur bei den üblichen vollmundigen Ankündigungen.

Aber vielleicht die erfreulichste Neuigkeit war die Bildung einer breiten »Klima-Allianz« von zunächst mehr als 45 deutschen Umwelt-, Entwicklungs- und Kirchenorganisationen, die gemeinsam öffentlichen Druck auf die Regierung ausüben wollen, damit es nicht bei »Wortgeräuschen anstatt Worten« *(Picard)* bleibt, sondern schnelle Taten folgen *(www.die-klima-allianz.de)*.

»AN IHREN **TATEN** SOLLT IHR SIE – DIE POLITIKER/-INNEN – MESSEN!«

POSITIVE ANSÄTZE UND VISIONEN

Eine Gruppe vergleichsweise umweltbewusster Manager hat die Zeichen der Zeit eindeutig besser erkannt als andere Kollegen. So heißt es unter einer fetten Überschrift im Handelsblatt vom März 2007: »Unternehmer fordern Klima-Offensive.« Untertitel: »Wirtschaft und Haushalte können bis zu 350 Millionen Tonnen Kohlendioxid und bis zu 214 Milliarden Euro einsparen.« Hintergrund: Der Bundesdeutsche Arbeitskreis für Umweltbewusstes Management (BAUM), dem u.a. Otto, Henkel, Deutsche Post und Adidas angehören, schlägt ein 50-Milliarden-Euro-Programm zur Erhöhung der Energieeffizienz bei den 3,2 Millionen Unternehmen und 39 Millionen Haushalten vor. Außerdem wird ein weiteres 50-Milliarden-Euro-Programm für eine umfassende und verbindliche Gebäudesanierung ins Gespräch gebracht.

Die Reduzierung klimaschädlicher Subventionen um 30 Milliarden Euro könne einen Teil davon finanzieren. Für die Hauptfinanzierung schlägt der Verband die Auflage eines 70-Milliarden-Euro-Klimafonds vor, für den die Anleger 5% Zinsen erhalten sollen. Der Fonds würde jede Maßnahme finanzieren, die sich schnell amortisiert und somit wirtschaftlich ist. Die erzielten Einsparungen würden die Refinanzierung ermöglichen *(Lv 21)*.

In der Tat ist das Einsparpotenzial an Energie gewaltig. Berechnungen gehen davon aus, dass allein in deutschen Unternehmen jährlich CO_2-Senkungen von mehr als 150 Millionen Tonnen und Einsparungen von über 90 Milliarden Euro möglich sind.
Die wissenschaftlichen Studien der unabhängigen Aachener Stiftung Kathy Beys und die langjährigen Erfahrungen der Energieeffizienzagentur NRW bestätigen nicht nur hohe Einsparmöglichkeiten, sondern gehen davon aus, dass bei Investitionen in bessere Ressourcennutzung das Wirtschaftswachstum angekurbelt, die internationale Wettbewerbsfähigkeit gestärkt und bis zu einer Million neuer Arbeitsplätze geschaffen werden könnten.
Die Höhe der genannten Euro-Beträge sollten niemanden abschrecken: So wurde die Atomenergie in Deutschland allein mit mehr als 100 Milliarden Euro unterstützt und erhält weiterhin Forschungsgelder.

Stellen Sie diesen Zahlen die Schäden gegenüber, die allein durch Hurrikane bzw. Stürme hervorgerufen wurden, wie durch den berüchtigten Hurrikan Katrina im August 2005 in den Südstaaten der USA oder durch den Orkan Kyrill im Januar 2007 in Europa. Allein letzterer verursachte europaweit einen geschätzten Schaden von fünf bis sieben Milliarden Euro.

Das Beispiel Katrina verdeutlicht sehr schön im »kleinen« Maßstab die Relation zwischen unterlassener Vorsorge und den später entstandenen Schäden. Lange war bekannt, dass die Deiche in New Orleans nicht halten würden und dringend einer Stabilisierung und Erhöhung bedurften.

Hätte man hierfür z.B. eine Milliarde US-$ vor Auftreten von Katrina präventiv investiert, wäre der später mindestens einhundertdreißigmal größere Sachschaden größtenteils vermieden worden. Die erschreckende Bilanz von Katrina: 1300 Tote, eine Million Obdachlose, 130 Milliarden US-$ unmittelbare Schäden zuzüglich etlicher Milliarden Folgeschäden in Landwirtschaft und Umwelt. Hierbei sind die Schäden in Milliardenhöhe an den Erdölförderanlagen im Golf von Mexiko nicht berücksichtigt – sie hätte man auch durch Deiche nicht vermieden.

Ähnlich verhält es sich mit den Relationen im Weltmaßstab:

Nicholas Stern, ehemaliger Weltbank-Chefökonom und Berater der britischen Regierung, rechnet in seiner 700 Seiten langen Studie über die wirtschaftlichen Folgen der Klimaerwärmung weltweit mit folgenden gigantischen Zahlen: Gegen das Jahr 2050 droht ein Verlust an weltweiter Wirtschaftsleistung von 20 % und eine Weltwirtschaftskrise wie in den 1930er Jahren – wenn nichts gegen die Klimakatastrophe unternommen wird.

»NICHTSTUN WIRD VIIIEEEL TEURER ALS HANDELN!«

Falls die Temperatur bis 2100 gar um fünf Grad anstiege, käme auf die Menschheit ein materieller Verlust von 5,5 Billionen Euro zu. Es sollte also alles darangesetzt werden, den Temperaturanstieg unbedingt zu begrenzen, damit er in diesem Jahrhundert nicht über 2 % steigt.

Im März 2007 schockierte dann das DIW (Deutsches Institut für Wirtschaftsforschung) mit den Zahlen für Deutschland: Ein ungebremster Klimawandel könnte Deutschland in den kommenden 43 Jahren 800 Milliarden Euro kosten *(www.diw.de)*.

Die Zahlen des DIW und von N. Stern sind mit Hilfe anderer Wissenschaftler sorgfältig errechnet worden. Aus dem Hamburgischen WeltWirtschaftsInstitut (HWWI) verlautete dann im März 2007, dass man die Zahlen des DIW nicht für sehr realistisch halte, da sie mit zu vielen Unbekannten errechnet seien.

Mögen sich die Fachleute streiten. Wir können aber davon ausgehen, dass der Einsatz gewaltiger Summen noch gewaltigere Schäden verhindert.

Alle Zahlen und Voraussagen sind nicht »so sicher wie das Amen in der Kirche«. In jedem Fall zeigen sie jedoch alarmierende Tendenzen auf. Dennoch sollten sie nicht zur allgemeinen Depression führen. Schließlich beinhalten sie gleichzeitig große Chancen: Ein radikales Umdenken ist nötig, massive Innovationen und Technologien mit niedrigem Kohlenstoffausstoß müssen entwickelt werden.
Dafür muss natürlich der berühmte »Ruck« durch die Gesellschaft gehen: bei uns, in der EU, den USA, dann möglichst weltweit.

Klare, vernünftige klima- und umweltfreundliche Zielsetzungen sind vonnöten – und natürlich VISIONEN!

Greifen wir folgende vier Beispiele heraus:

1. DIE INTERNATIONALE »KLIMAFEUERWEHR«

Die Schaffung einer derartigen Feuerwehr wäre im Rahmen einer reformierten UNO oder einer anderen internationalen Organisation denkbar. In »Wir Klimaretter« wird in Anbetracht der sich von Jahr zu Jahr zuspitzenden Situation für einen radikalen Neuanfang bei den UN-Strukturen plädiert, nämlich für die Gründung eines UN-Klima-Sicherheitsrats nach dem Vorbild des bestehenden UN-Sicherheitsrats *(Lv 16, S. 264)*.
Dieses Gremium könnte z.B. die erwähnten Kohleschwelbrände, die in vielen Ländern ein Problem darstellen (s. Kapitel »Die Umweltprobleme Chinas«), bekämpfen und weltweit gegen schwere Umweltverbrechen oder grobe Klimaschutzverstöße vorgehen.

2. NEUE FLUGZEUGE BRAUCHT DIE WELT – UND DEUTLICH WENIGER FLUGVERKEHR

Manche Flugzeugbauer rechnen euphorisch damit, dass in den nächsten 20 Jahren weltweit etwa 22.000 neue Passagierflugzeuge mit mehr als 100 Sitzen gebraucht werden. Fluggesellschaften gehen davon aus, dass es jährlich eine Zunahme des Flugverkehrs von mindestens 5 % geben wird. Der Flughafen Hamburg meldete für 2006 gar einen Zuwachs der Passagierzahlen von 12 %.
Abgesehen von den schon heute nicht ganz seltenen Beinahe-Zusammenstößen von Flugzeugen in Ballungsgebieten wie z.B. Europa und der steigenden Lärmbelästigung ist die Klimaschädigung durch den Luftverkehr bereits jetzt beträchtlich. Das Flugzeug ist der klimaschädlichste Verkehrsträger – also ein richtiger Ober-Verschmutzer. Insgesamt verursacht der Flugverkehr lt. Greenpeace fast 9 % der Klimaschäden. Zu berücksichtigen ist hierbei, dass beim Flugverkehr die Abgase in besonders empfindlichen Schichten der Erdatmosphäre ausgestoßen werden.

AUCH KURZFLÜGE SIND DURCH DIE STARTS UND LANDUNGEN ÄUSSERST UMWELTSCHÄDLICH.

Angesichts dieses sehr stark wachsenden Sektors ist einsichtig, dass man den Flugverkehr in Zukunft nicht wie bisher einfach fortschreiben kann. Sofortmaßnahmen müssten sein: höhere Besteuerung des Fliegens und Einführung des Verursacherprinzips. Mittelfristig erforderlich wäre logischerweise die dringende Entwicklung von Flugzeugen ohne oder mit ganz geringem Treibhausgasausstoß. Damit ist ein Land wie Deutschland offensichtlich überfordert. Auch die EU wird wohl nicht dazu in der Lage sein.

Was bleibt also? Zum Beispiel eine übergreifende internationale Zusammenarbeit EU – USA – Russland – China – Indien. Das sind Regionen mit steigendem Flugverkehr und viel technischem Know-how. Schwierig? Ja, sehr. Aber nur so wird es gehen. Und man sollte sehr schnell mit dieser Entwicklungsarbeit beginnen. Falls jedoch ein schneller technischer Durchbruch nicht machbar wäre, hieße die klare Alternative: eine kräftige Reduzierung des Flugverkehrs.

3. ÖKOSTROM AUS NORDAFRIKA: SOLAR- UND WINDKRAFTANLAGEN

Diese »Vision« könnte eine echte Energierevolution auslösen ... und relativ bald Realität werden. Zunächst sollte vorausgeschickt werden, dass Sonne und Wind die Alternativenergien sind, die am meisten Erfolg versprechen. Die Sonnenenergiequelle ist fast unerschöpflich und übertrifft sogar das Potenzial der Windenergie um ein Zigfaches.

Einige Initiativen wie der Hamburger Klimaschutz-Fonds e.V. propagieren schon seit langem eine enge Zusammenarbeit zwischen Europa und Nordafrika. Das Zauberwort heißt »Solarstrom-Brücke«. Bislang führte diese Idee eher ein Schattendasein. Aber angesichts der dramatischen Klimaentwicklung und der dringenden Suche nach sauberer und kostengünstiger Alternativenergie scheint dieses Projekt immer zukunftsträchtiger zu werden.
Im März 2007 ließ nun auch das DLR (Deutsches Zentrum für Luft- und Raumfahrt) verlauten, dass schon ab 2020 eine kostengünstige Technik für die Lieferung von »Wüstenstrom« angeboten werden könne.

Der Hamburger Klimaschutz-Fonds wirbt für den Vorschlag: »Solarstrom-Brücken könnten die hocheffektiven Solar- und Windstandorte (kräftige Passatwinde!) in Nordafrika mit Europa ohne große Übertragungsverluste und mit geringfügigen Übertragungskosten verbinden.«

Es wird darauf hingewiesen, dass ein modernes Hochspannungs-Gleichstrom-Übertragungsnetz (»HGÜ«) den Strom von Nordafrika nach Europa mit weniger als 20 % Verlust transportieren könne. Man vertritt die Meinung, dass die volkswirtschaftliche Amortisationszeit höchstens 8 Jahre beträgt.

Diese Vision – nennen wir es lieber Projekt – wäre eine echte Symbiose:
Europa bekäme kostengünstig regenerativen Strom. Damit könnte gleichzeitig ein langfristiger Export von Solar- und Wind-TECHNOLOGIE nicht nur nach Nordafrika, sondern weltweit verbunden sein. Mit diesen Technologien könnten 90 % der Menschheit dauerhaft und umweltfreundlich versorgt werden.

Auch für Nordafrika ergäben sich erhebliche Vorteile: kontinuierliche Exporterlöse durch das Energiegeschäft und Arbeitsplätze für Bau und Betrieb der Solar- und Windkraftwerke.
Ferner wäre durch Kraft-Wärme-Kopplung die Erzeugung von Trinkwasser durch Meerwasserentsalzung möglich.
Die Wassergewinnung wäre ein höchst wünschenswerter »Nebeneffekt«, denn die Niederschläge in Nordafrika sind in den letzten 20 Jahren erheblich zurückgegangen. Trinkwasser wird weltweit ohnehin wahrscheinlich ein erhebliches Problem der Zukunft.

Des Weiteren würden die enormen europäischen Treibhausgasemissionen, unter deren negativen Folgen auch Nordafrika leidet, merklich sinken.

Durch dieses Projekt würde eine zukunftsträchtige Kooperation zu beiderseitigem Nutzen zwischen Europa und islamischen Ländern mit potenziell großer »Friedensdividende« entstehen. Sie könnte auch einen bedeutsamen psychologischen Effekt haben und Vorurteile zwischen Religionen und Ländern abbauen.

Auch Greenpeace energy, ein bekannter Anbieter von Ökostrom, setzt sich für das transeuropäische Supernetz ein und hat ein entsprechendes Modell entwickelt. In diesem werden alle europäischen Zentren der erneuerbaren Energien miteinander verknüpft.

Das gleiche Prinzip könnte natürlich weltweit auch auf andere Solar- bzw. Windregionen angewendet werden. Umfangreiche Berechnungen, die zusammen mit DESY und dem Nationalen Forschungszentrum Marokkos (CNR) angestellt wurden, finden Sie unter www.klimaschutz.com.

Ein wichtiges Argument gegen dieses Projekt waren bisher die hohen Kosten für das Leitungsnetz. Nach den Berechnungen von Nicholas Stern und vom DWI, die enorme jährliche Investitionssummen zur Bekämpfung und Abmilderung des Klimawandels fordern, sind die für dieses Projekt nötigen Beträge zwar keine »Peanuts«, aber ganz und gar nicht mehr Schwindel erregend.

Ein weiterer Einwand gegen dieses Projekt ist, ob z.B. die nordafrikanischen Staaten diese Großanlagen schützen können. Hier muss man der Vernunft eine Chance geben: Wenn die Vorteile für die Energielieferländer überzeugend sind, werden sie auch für den nötigen Schutz sorgen.

Allerdings wäre für dieses Projekt die Erfüllung einiger Bedingungen Voraussetzung:
Es darf keine Abschaffung des deutschen Erneuerbare-Energien-Gesetzes geben, eine dezentrale Energieversorgung aus deutschen erneuerbaren Energien muss weiterhin möglich sein. Die einheimische Ökostromerzeugung würde die »Nordafrika-Energie« des transnationalen Übertragungsnetzes HGÜ ergänzen.

Es müsste eine grundlegende Änderung der Quasi-Monopolstellung der vier großen deutschen Stromkonzerne erfolgen, damit aus einem Fast-Monopol durch zusätzliche transnationale Leitungen kein Super-Monopol entstünde.

Zu diesem Thema meint Hans-Josef Fell, MdB und Energieexperte der Bundestagsfraktion von Bündnis 90/Die Grünen: »Dies kann umgangen werden, indem andere Finanzinvestoren als die Energiewirtschaft als neue Investoren auftreten und somit den Konzernen der fossilen und atomaren Stromwirtschaft als Konkurrenten entgegentreten. Dies würde den Stromwettbewerb auch auf der Erzeugerseite beleben und direkten Klimaschutz bedeuten ...«

4. KOHLENDIOXIDKONTO

Eine interessante Vision – oder nennen wir es Denkmodell – kommt ursprünglich aus Großbritannien. In der Zwischenzeit wird diese Idee auch unter etlichen Fachleuten diskutiert, wie z.B. von dem ehemaligen britischen Umweltminister David Miliband. Danach würde jedem Menschen ein jährliches CO_2-Budget in bestimmter Höhe zustehen.

Theoretisch anzustreben wären weltweit ein bis zwei Tonnen pro Kopf. Da etwa jede/-r Bundesbürger/-in statistisch gesehen jährlich ca. zehn Tonnen CO_2 verursacht und in anderen Industrieländern ähnlich hohe oder höhere Emissionen Realität sind, könnte für diese Länder für jede/-n ein CO_2-Budget von zunächst vier Tonnen angedacht werden. Werden weniger Emissionen verursacht, bekommt man Pluspunkte. Bei höheren Emissionen wären es Minuspunkte, für die man bezahlen müsste. Ein erster Schritt könnte beim Tanken von Treibstoff oder beim Fliegen unternommen werden. Eine »Kohlenstoffkarte« könnte man bei sich haben wie eine Girokontokarte. Diejenigen, die wenig CO_2 verursachen, könnten ihre eingesparten Punkte z.B. an eine Bank verkaufen.

Hierbei stellt sich natürlich auch wieder die Frage, ob und inwieweit besonders arme Menschen ungerecht behandelt würden. Ausführlich wird dieses Modell zum Beispiel vorgestellt in »Wir Klimaretter« *(Lv 16, S. 73-89)*. Trotz aller Einwände und Schwierigkeiten: Lösungen müssen schnell gesucht werden, denn es ist in jedem Fall einleuchtend, dass weltweit gesehen die Menschen in armen Ländern ein Anrecht auf höheren CO_2-Ausstoß und Bewohner der Industrieländer die Pflicht haben, ihre Emissionen möglichst schnell deutlich zu senken.

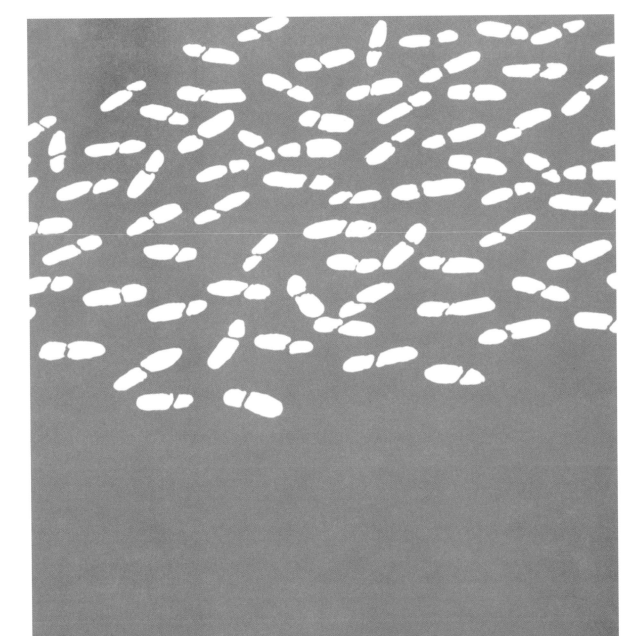

WAS TUN?

HAUSAUFGABEN FÜR DIE POLITIK

Mit Trippelschritten ist es nicht mehr getan. Weiter so wie bisher – das geht nicht mehr!
Die Erwärmung darf nicht schneller sein als die Politik. Schnelles Reagieren ist nötig – aber ohne falsche Schnellschüsse wie etwa beim Palmöl! (s. Energie)
Das ist alles schwierig, ja, ja. ABER es gibt viele Beispiele in der jüngeren Vergangenheit, dass die Menschheit zu enormen Anstrengungen bei großen Projekten fähig ist. Denken wir nur an die Raumfahrt mit den Landungen auf dem Mond oder im Umweltbereich an das Verbot von FCKW zum Schutz der Ozonschicht.

Ein Jahr Politik der kleinen Schritte ...

TRIPPELSCHRITTE? AUF KEINEN FALL BEIM KLIMASCHUTZ,
DENN DIE KLIMAERWÄRMUNG SCHREITET MIT **RIESEN**SCHRITTEN VORAN!

Es hat sich gezeigt, dass so genannte Selbstverpflichtungen und großartige Versprechen der Industrie zu nichts geführt haben. Sie wurden einfach nicht eingehalten. Also muss die Politik klare Rahmenbedingungen vorgeben und verbindliche Sanktionen und Anreize setzen, um den Kohlendioxidausstoß schnell und wirksam zu reduzieren.

Grundsätzlich müsste das Verursacherprinzip gelten: Überall dort, wo CO_2 produziert wird, muss der Verursacher dafür zahlen. Hier ist ein bestimmter Betrag z.B. pro Kilo produzierter Abgase hilfreich. So kann die Industrie mit einem festen Satz kalkulieren und erhält Chancen, die Umwelt durch Innovationen mit wenig(er) CO_2 zu belasten. Nur dann hat die Industrie auch gute Zukunftsaussichten, denn Produkte mit kräftigem CO_2-Ausstoß, hergestellt von »Fortschrittsmuffeln«, werden zukünftig immer weniger Käufer finden - und das weltweit.

DER STAAT MUSS DURCH GESETZGEBUNG AKTIV WERDEN. DAZU SOLLTE Z.B. GEHÖREN:

- Eine radikale Umstellung auf und stärkere Förderung von alternativen Energien.

- Deftige finanzielle Anreize zum Energiesparen

- Ausbau der Kraft-Wärme-Kopplung (KWK), d.h. der Nutzung der bei der Stromerzeugung aus Kohle und Gas anfallenden Wärme für Heizungen. Die bisherigen finanziellen Vergünstigungen waren nicht wirksam genug. Wahrscheinlich hilft hier nur ein neues Gesetz mit verbindlichen Quoten. In einem Plan B zum Klimaschutz von Greenpeace, das vom Aachener Ingenieur- und Beratungsunternehmen EUtech im März 2007 vorgestellt wurde, wird eine KWK-Pflicht bei den geplanten Neubauten von Kohlekraftwerken gefordert - sofern Neubauten, die grundsätzlich abgelehnt werden müssten, wirklich unumgänglich sein sollten.

FERNER SIND ERFORDERLICH UND SCHNELL ZU REALISIEREN:

- Erhöhung der Energieeffizienz in zahlreichen Sektoren: Wärmedämmung und Isolierung von Häusern, Warmwasserbereitung, , Propagierung vom »Einsparcontracting«, moderne Heizsysteme und Haushaltsgeräte, Verbot der stand-by-Schalter, Auszeichnung der Energieeffizienz aller Geräte und Maschinen, die Energie benötigen, Auswechseln alter Motoren in den Fabriken. Auf diesen Gebieten wartet ein Energieeinsparpotenzial von insgesamt 35–45 % auf Realisierung.

Welche Einsparpotenziale allein mit Elektrogeräten zu erzielen sind, hat gerade Japan bewiesen. Durch die so genannte »Top-Runner-Verordnung«, wird das jeweils sparsamste Gerät seiner Klasse zum Maßstab erhoben. Wer dieses Niveau nicht erreicht, muss seine Produkte nach einer gewissen Zeit vom Markt nehmen. Auf diese Art hat Japan 16 % seiner Reduktionsverpflichtungen aus dem Kiotoprotokoll erfüllt - ausschließlich mit Elektrogeräten! *(taz v. 23.3.07: Mehr Klimaschutz ohne Atomkraft und Lass es knistern, Herr Minister! (Lv 22).*

- Die Autoindustrie sollte durch staatliche Vorgaben in die Pflicht genommen werden: Einführung von möglichst ganz emissionsfreien »Sparmotoren«, neue und leichte Materialien. Die Regierung muss für eine viel umweltgerechtere Besteuerung der Fahrzeuge sorgen. Sie kann bessere Leitsysteme entwickeln lassen, um Verkehrsstaus und damit CO_2-Ausstoß zu minimieren. Deutlichere Förderung des Gütertransports durch die Eisenbahn: »Von der Straße auf die Schiene«.

- Flugverkehr: Die übergeordnete Aufgabe müsste die Entwicklung neuartiger Fluggeräte sein, die keine oder nur ganz geringe Treibhausgase ausstoßen. Möglicherweise ist auch eine merkbare Reduzierung des Luftverkehrs unumgänglich.

Kurzfristig nötig: Besteuerung von Flugbenzin, Erhebung von Mehrwertsteuer und Ökosteuer. Förderung von sparsamen Flugzeugen.

Hören wir zum Abschluss dieses Kapitels noch auf zwei gewichtige Stimmen: Der kalifornische Gouverneur A. Schwarzenegger ermahnte Deutschland im März 2007, mehr für den Klimaschutz zu tun und dabei dem Beispiel Kaliforniens zu folgen. Großbritannien hätte schon das kalifornische Klimaschutzprogramm übernommen und: »Das steht auch allen anderen Staaten frei.«

Der deutsche Klimaforscher Stefan Rahmstorf drängt auf drastische Klimaschutzmaßnahmen, damit - möglichst weltweit – der Ausstoß von Treibhausgasen bis 2050 im Vergleich zu 1990 halbiert werden kann.

Nicht etwa 20 % oder 30 %, sondern 50 % müssten mit Macht angestrebt werden!

Ist das alles machbar? Hierzu finden Sie viele Ideen und Vorschläge u.a. in dem Buch von H. Girardet »Die Zukunft ist möglich - Wege aus dem Klima-Chaos«, erschienen im März 2007 *(Lv 23)* sowie im »Plan B von Greenpeace, März 2007.

DIE ENERGIEFRAGE

FOSSILE BRENNSTOFFE

Die Probleme der Klimaerwärmung reduzieren sich nicht auf die Energiefrage. Sie spielt hierbei aber eine entscheidende Rolle. Ab sofort müssen die Energieeffizienz und die alternativen Energien vorrangig vorangetrieben werden.

ERDÖL

Die fossilen Brennstoffe sollten so schnell wie möglich »ausgemustert« werden. Die Erdölvorkommen sind ohnehin endlich und reichen höchstens noch für einige Jahrzehnte.

Leicht wird vergessen, dass fossile Brennstoffe nicht nur durch ihre Verbrennung die gefürchteten Treibhausgase freisetzen. Auch Förderung und Transport sind alles andere als umweltfreundlich. So rechnet man etwa in Russland beim Erdöl mit einem Verlust von rund 20 %: Bei der Förderung werden enorme Mengen Gas abgefackelt. Durch Leckagen in teilweise maroden Ölleitungen verschwinden zahllose Tonnen Erdöl im Erdreich oder in Flüssen.

BRAUNKOHLE

»Die Erzeugung von Strom aus Braunkohle ist ein Umweltfrevel par excellence. Der größte Teil der Kohle wird sinnlos verheizt ... Das Kraftwerk Schwarze Pumpe – Baujahr 1997 – gehört mit einem Wirkungsgrad von 41 % zu den modernsten Großkraftwerken Europas. Doch auch hier verpuffen fast 60 % der Primärenergie in den Kühltürmen ... In Überlandleitungen und Umspannwerken geht dann weitere Elektrizität verloren ... Dazu kommt, dass Braunkohle wesentlich stärker zum Treibhauseffekt beiträgt als andere Energieträger: 950 Gramm Kohlendioxid fallen hier pro Kilowattstunde Strom an, bei Steinkohle sind es etwas weniger – aber moderne Erdgaskraftwerke verursachen nur circa 360 Gramm.« Diesem Zitat aus »Wir Klimaretter« ist nichts hinzuzufügen (*»Wir Klimaretter«, S. 110/11*).

Trotz dieser extrem schlechten Umwelt- und Energieeffizienzbilanz ist auch hier Deutschland negativer »Weltmeister«, denn kein Land der Welt fördert und verbrennt mehr Braunkohle als Deutschland.

Sie meinen vielleicht, das sei ja »der Gipfel«? Mitnichten!:
Die deutsche Kanzlerin legte gerade erst im Sommer 2006 den Grundstein für ein neues Braunkohlekraftwerk in Grevenbroich-Neurath – ein weiterer Klimakiller erster Ordnung.

Im Juni 2007 erfuhr man aus der Presse, dass der Bundesrat sogar noch mehr Verschmutzungszertifikate für die Braunkohlekraftwerke fordert, als ohnehin schon von der Bundesregierung geplant. Der Bundesrat tritt beim Klimaschutz also kräftig auf die Bremse – alles läuft nach dem alten System ab, keine Ideen, keine Innovationen – ein echtes Trauerspiel!

STEINKOHLE

Beim Einsatz von Steinkohle sieht es zwar etwas besser aus. Aber sie ist durchaus nicht »koscher«. Bei ihrem Abbau tritt nicht selten das sehr schädliche Methangas aus und beim langen Transportweg der Importkohle wiederum reichlich CO_2.

In Deutschland wird nun versucht, der klimaschädlichen Energiegewinnung aus Kohle durch CCS (»Carbon-Capture-Storing« = Abscheidung und Lagerung von Kohlendioxid) schnell ein sauberes Mäntelchen umzuhängen. Schließlich will man ja den Bau von mindestens 26 neuen Kohlekraftwerken durchsetzen, welche uns und die Umwelt dann für eine geplante Betriebsdauer von fast einem halben Jahrhundert enorm belasten würden! Alle Klimatologen bekräftigen, dass gerade das Zeitfenster der nächsten 8–15 Jahre für eine Reduzierung des CO_2-Ausstoßes entscheidend ist.

CSS: NICHT MARKTREIF, UNSICHER, ENERGIEINTENSIV. DAHER: CO_2 NICHT »VERBUDDELN«, SONDERN »**VERMEIDEN!**«

Die CCS-Technologie erfordert einen enormen Energieaufwand. Außerdem ist sie sehr umstritten und wohl frühestens in zwanzig Jahren marktreif. Ob sie dann überhaupt funktioniert, ist unklar. Bisher gibt es nur Versprechen der Stromkonzerne wie z. B. RWE *(Lv 24, S. 170 ff.)*. Was von derartigen Versprechen der Industrie zu halten ist, hat uns die Vergangenheit mehrfach gelehrt.

SO LEBEN WIR ...

... UND SO KÖNNTEN WIR LEBEN

In einer Stellungnahme der Bundesarbeitsgemeinschaft »Energie« von Bündnis 90/Die Grünen vom 2.3.07 heißt es dazu: »Die Vorgaukelung nun sauberer Kohlekraftwerke muss als PR-Lüge enttarnt werden ... Auf eine noch nicht verfügbare ineffiziente Technologie mit schlechterem Wirkungsgrad zu setzen ... erscheint nicht nur umweltpolitisch und wirtschaftlich schädlich, sondern auch eine falsche Allokation von Ressourcen« *(www.basis.gruene.de/bag.energie/CSS-Technologie)*.

Die unterirdische Speicherung von Kohlendioxid wirft unter anderem die Frage auf, ob sich das CO_2 im Laufe der Zeit nicht durch das Gestein und Erdreich nach oben durcharbeitet und dann nach und nach in die Atmosphäre entweicht. Es wäre doch eine gruselige Vorstellung, nun außer dem Atommüll noch schädliches Kohlendioxid in der Erde deponiert zu haben, oder?

Obendrein würde der Neubau von Kohlekraftwerken die Transformation der traditionellen Energiewirtschaft des vergangenen Jahrhunderts zu erneuerbaren Energien des jetzigen Jahrhunderts um eine lange Zeit verzögern – Zeit, die wir nicht haben!

Kohle wird allerdings wohl oder übel in einigen Ländern wie China, Südafrika oder Australien, wo sie besonders reichlich vorkommt, leicht zu fördern und sehr billig ist, noch für etliche Jahrzehnte genutzt werden (müssen). Hier ist ein schneller Transfer von allerneuester Umwelttechnologie zur radikalen Senkung des CO_2-Ausstoßes unumgänglich.

GAS

Gaskraftwerke können eine vorübergehende Brückentechnologie sein, und zwar solange bis genügend erneuerbare Energien zur Verfügung stehen. Die Investitionskosten sind geringer als die von Kohlekraftwerken, mit fünf bis acht Jahren Laufzeit amortisieren sie sich schneller als Kohlekraftwerke und sind technisch viel flexibler zu steuern *(HA v. 21.5.07, Atomkraft kontra Öko-Strom)*.

ATOMENERGIE

Interessierte Kreise versuchen, diese Technologie des vergangenen Jahrhunderts wieder – nunmehr als »Klimaretter« – ins Gespräch zu bringen. Eine längere Laufzeit von Atomkraftwerken in Deutschland oder gar ein völlig absurder Bau von Neuanlagen wäre fatal und ein Irrweg. Schauen wir uns noch einmal an (S.107), welche Argumente gegen Atomkraftwerke sprechen:

Wir sehen also, dass alle früheren Argumente gegen die Atomkraftwerke weiterhin gültig sind. Außerdem sind einige noch schwerwiegender geworden und andere hinzugekommen:
Nach wie vor ist die gefährliche Endlagerung, die für mindestens 100.000 Jahre Bestand haben soll, völlig ungeklärt. Durch das Alter der Atomkraftwerke ist beim Material »Versprödung« und Abnutzung eingetreten, was die Sicherheit zusätzlich gefährdet.

Diese Aussage wurde eindringlich bewiesen durch den Kurzschluss im AKW Brunsbüttel und den Großbrand an einem Trafo des AKWs Krümmel bei Hamburg.
Beide Ereignisse fanden innerhalb von zwei Stunden am 28. Juni 2007 statt.
Das Großfeuer richtete einen Schaden in Millionenhöhe an. Es konnte erst am zweiten Tag gelöscht werden.

AKW – NEE!
ATOMKRAFT: ÄUSSERST GEFÄHRLICH, NICHT UMWELTFREUNDLICH.

UNGEKLÄRTE ENDLAGERUNG:
ATOMMÜLL STRAHLT MEHR ALS **100.000** JAHRE

ATOM „ZWISCHEN"LAGER KARLSRUHE:
ZIGTAUSEND FÄSSER MIT STRAHLENDEM MÜLL

1979: KATASTROPHE HARRISBURG/THREE MILE ISLAND
1986: GAU TSCHERNOBYL

ZAHLREICHE STÖRFÄLLE:
U.A. FORSMARK, TEMLIN, BRUNSBÜTTEL, TOKAIMURA, TSURUGA

HÄUFIGE ABSCHALTUNGEN

RISIKOREICHE STRAHLUNGEN:
BEI NORMALBETRIEB, TRANSPORT, CASTOR, FLUGZEUG

BEI KLIMAERWÄRMUNG:
A) ERWÄRMUNG DES FLUSS-KÜHLWASSERS: ABSCHALTUNG
B) NIEDRIGWASSER: ABSCHALTUNG

RISIKO: TERRORANGRIFFE, FLUGZEUGABSTÜRZE, MENSCHLICHES VERSAGEN

AKW: INFRASTRUKTUR AUCH FÜR MILITÄRISCHE ZWECKE UND VERBREITUNG RADIOAKTIVEN MATERIALS:
SIEHE POLONIUM / LITWINENKO-MORD

URAN:
ABHÄNGIGKEIT VON PREKÄREN LIEFERLÄNDERN, BESCHRÄNKTE WELTVORRÄTE

URANABBAU:
UMWELTZERSTÖREND, RIESIGE ABRAUMHALDEN, GIFTIGE UND RADIOAKTIVE SCHLAMMSEEN, VERSEUCHTE LANDSTRICHE

VERLÄNGERTE LAUFZEITEN:
A) JE ÄLTER DIE AKWS – DESTO GEFÄHRLICHER
B) BREMSEN DRINGEND NÖTIGEN AUSBAU ERNEUERBARER ENERGIEN
C) UNUNTERBROCHENES ANSTEIGEN VON ATOMMÜLL.

BEI RISIKEN UND NEBENWIRKUNGEN FRAGEN SIE... IHREN VERSTAND!

DIE HAMBURGER MORGENPOST TITELTE HIERZU AM 30.6.07:

»16 STÖRFÄLLE IN EINEM JAHR. SCHALTET DAS KRÜMMEL-MONSTER AB!«

Der oberste Strahlenschützer der Bundesrepublik Wolfram König, Präsident des Bundesamtes für Strahlenschutz, forderte auf der Titelseite der Frankfurter Rundschau vom 30.6.07: »Ausstieg, ja bitte.« Diese Forderung wird dort ausführlich begründet.
Auch Bundesumweltminister Gabriel insistierte: »Der Atomausstieg ist aus Sicherheitsgründen notwendig.«

Ein weiterer beunruhigender Aspekt ist das Verhalten des Konzerns Vattenfall. Zunächst wurde wie üblich z.B. der Großbrand in Krümmel heruntergespielt. Vertuschung war angesagt: Nur der Transformator neben dem AKW hätte gebrannt. Dann hieß es, es habe **doch** – natürlich völlig harmlose – Auswirkungen auf das AKW gegeben. Schließlich wurde festgestellt, dass es drei Pannen gegeben hatte: »Ein Transformator fiel aus, eine Pumpe versagte und wichtige Ventile öffneten sich unplanmäßig« *(Hamburger Abendblatt vom 5.7.07)*. Zwei Tage später kamen weitere Details an das Licht der Öffentlichkeit: Der Trafo-Brand setzte offenbar gefährliche Stoffe frei – u.a. war die Betriebszentrale derartig verqualmt, dass der Reaktorfahrer den Atommeiler mit aufgesetzter Gasmaske steuern musste.

Dazu erklärte der Fraktionsvize und Umweltsprecher der GAL Christian Maaß: »Die Menschen haben allen Grund, beunruhigt zu sein. Die Informationspolitik des Betreibers Vattenfall ist wie immer: Tarnen, Tricksen, Täuschen.« Er forderte, dass sich die Stadt Hamburg von Vattenfall als Energieversorger trennen und ganz auf Ökostrom setzen solle *(Hamburger Abendblatt vom 5.7.09)*.

Wenige Tage später machte das Oldie-AKW Brunsbüttel schon wieder negative Schlagzeilen: »Die Pannenserie in norddeutschen Atomkraftwerken reißt nicht ab.« ... »Beim Wiederanfahren des AKW war es am 1. Juli gleich zweimal zu Absperrungen im Reaktorwasserreinigungssystem gekommen. Vattenfall hatte den Vorfall erst mit tagelanger Verspätung gemeldet« *(Hamburger Abendblatt v. 9.7.07)*

Der Grünen-Chef Bütikofer forderte am 8. Juli, dem Betreiber Vattenfall die Lizenz zu entziehen. Diese Forderung wurde ebenfalls von Greenpeace gestellt, denn der Eindruck drängt sich auf, dass Vattenfall mehr am Geldverdienen als an der Sicherheit der Menschen gelegen ist.
Am 11. Juli 2007 hieß es in mehreren Pressemeldungen: »AKW Krümmel: Jetzt auch noch fehlerhafte Dübel.« In der zweiten Julihälfte 2007 hieß es dann: »Störfall im AKW Unterweser«. Um eine unheimliche, gefährliche und unendliche Geschichte zu beenden, wäre nun ein neuer Atomkonsens vonnöten: Sofortige Abschaltung der alten AKWs und ein schnelleres Ende für alle anderen Atommeiler.
Offensichtlich spielt auch der »Faktor Mensch«, genauer: »menschliches Versagen« wie etwa Fehlverhalten der Bedienungstechniker bei dieser gefährlichen Hochtechnologie eine weitaus größere Rolle als gemeinhin vermutet. In beiden AKWs bediente ein Teil des Personals die Reaktoren fehlerhaft. Als Laie könnte man denken, dass dort Azubis oder ungenügend ausgebildete Kräfte am Werk sind: Mitte Juli 2007 wurde übrigens in der Presse darauf hingewiesen, dass »der Fachkräftemangel in der Atombranche deutlich zugenommen hat.« Absolut verantwortungslos!

Die regelmäßigen technischen Pannen und insbesondere der Großbrand in Krümmel haben uns in erschreckender Weise vor Augen geführt, dass wir eigentlich auf einem »Pulverfass« leben. Ein großer Unfall – denken wir nur an Tschernobyl – und nichts wird mehr sein, wie es war! Und das für Generationen. Schließlich sind nicht nur der laufende Betrieb der AKWs und die Endlagerung extrem gefährlich. Hinzu kommt, dass vor allem die Terrorgefahr und der illegale Handel mit radioaktivem Material weltweit zugenommen haben, was für die Zukunft erhebliche Risiken birgt. Vielleicht sollte auch zu denken geben, dass KEINE Versicherung in Deutschland auch nur ein einziges AKW versichert. Die Risiken und damit die Prämien wären horrend. Die Atomkraftwerksbetreiber haben sich zu einer Haftungsvorsorge von insgesamt nur 2,5 Milliarden Euro verpflichtet. Ein völlig unzureichender Betrag. Somit kommt bei schweren Unfällen der Staat für die Schäden auf. Fazit: Die Konzerne machen die Gewinne – die Schäden werden von der Gesellschaft getragen.

AUCH WENN SIE VIELLEICHT MEINEN, HIER HANDELE ES SICH UM EINEN ZUSTANDSBERICHT DES AKWS KRÜMMEL...
DIE ZEICHNUNG WURDE SCHON VOR JAHREN ANGEFERTIGT.

Je mehr AKWs existieren, desto größer sind die Gefahren. Wie wir alle wissen: Bei Unfällen oder gar bei einem GAU heißt es dann: Strahlen kennen keine Grenzen. Im Übrigen würde durch den Emissionshandel eine längere AKW-Laufzeit nur bedeuten, dass die eingesparten

Emissionen an anderer Stelle ausgestoßen werden dürften. Allerdings ist aus Sicht der Betreiber eine längere Laufzeit ein hervorragendes Geschäft, denn jeder Monat längere Laufzeit bringt reichlich »Kohle«...

Im April 2007 belegte eine Studie des Öko-Instituts, die im Auftrag des Bundesumweltministeriums (BMU) erstellt wurde, dass der Atomstrom »weder billig noch gut fürs Klima« ist. Strom und Wärme in modernen Blockheizkraftwerken zu produzieren ist preiswerter und besser fürs Klima. Die ausführlichen Ergebnisse der Studie finden Sie im Pressedienst des BMU Nr. 113/07, Berlin 24.4.07.

Zu bedenken ist letztlich ebenfalls, dass Atomkraftwerke ausschließlich Strom, aber weder Wärme noch irgendeinen Treibstoff produzieren, was bei der Argumentation pro AKW häufig vergessen oder unterschlagen wird.

KERNFUSION

Seit vielen Jahren wird auf diesem Gebiet teuer geforscht. Der Bau des Reaktors ITER in Frankreich soll zeigen, ob die Kernfusion in etwa 30 (!) Jahren zur Energieerzeugung beitragen könnte. Das ist ein Zeithorizont, der den aktuellen Klimaproblemen in keiner Weise gerecht wird. Weitere Nachteile: Auch hier müssen radioaktive Abfälle gelagert werden. Der zunächst erforderliche Energieeinsatz ist gewaltig. Daraus folgt: Das Resultat ist höchst ungewiss. Hört sich alles nach einem »Holzweg« an.

DIE SUPER-ENERGIEQUELLE: ENERGIEEFFIZIENZ – SAUBER UND SCHNELL VERFÜGBAR

Wir könnten auch das Wort »sparen« verwenden. Da dieses jedoch bei vielen sogleich zu Assoziationen »wie Neandertaler leben« führt, sagen wir, dass wir die Energie nur effizienter – also wirksamer – einsetzen müssen. Und schon tut sich ein ungeheures Potenzial auf. Wir brauchen uns nur ein wenig in anderen Ländern umzuschauen.

Es wurde bereits darauf hingewiesen, dass wir hinsichtlich der Energieeffizienz nur halb so gut wie die Japaner sind. Folglich: Eine Energieeffizienzrevolution wird benötigt – und ist möglich. Bislang wird nämlich auf allen Gebieten reichlich Energie verschwendet: Das gilt für LKWs, PKWs, Flugzeuge, Schiffe, Gebäude, Motoren in den Fabriken, Elektrogeräte bei Produktionsprozessen und in Privathaushalten.

Also muss sich zunächst die Politik schnellstens überlegen, auf welche Weise in den einzelnen Sektoren die Energieeffizienz drastisch gesteigert werden kann. Hier gibt es zahlreiche Möglichkeiten, wie z.B. durch Prämien/Steuernachlass für besonders effiziente Verfahren oder gesetzliche Vorschriften mit Sanktionen.

Matthias Urbach setzt sich für die Gründung eines Effizienzfonds ein, der sparsame Heizkessel oder Elektroantriebe vorfinanzieren könnte. Er verweist auf das »leuchtende Vorbild Elsparefonden« in Dänemark. Hier handelt es sich nicht um Kleinigkeiten, denn man schätzt, dass ein Drittel des EU-Stromverbrauchs auf veraltete Elektromotoren zurückgeht. Würde man diese durch sparsamere Aggregate ersetzen, so wäre der Neubau etlicher neuer Kraftwerke völlig überflüssig. Außerdem würden die Firmen nach relativ kurzer Zeit durch das Einsparen von Energie sogar erhebliche Gewinne machen können *(Lv 24a)*.

Der Geowissenschaftler B. Janzing verweist z.B. auf das »Einsparcontracting«. Hierbei sanieren Privatunternehmen auf eigene Kosten öffentliche Gebäude. Anschließend werden die eingesparten Energiekosten vergütet. In Berlin soll die Stadt mehr als 1300 solcher Energiepartnerschaften vertraglich vereinbart haben, und zwar u.a. für Schulen, Hochschulgebäude, Schwimmbäder. Das Dessauer Umweltbundesamt schätzt, dass durch dieses System allein bei öffentlichen Bauten 800 Millionen Liter Heizöläquivalent jährlich eingespart werden können.

Ähnlich üppige Chancen bieten sich übrigens auch bei Privathäusern. Es wird geschätzt, dass sich 50% der Heizenergie und das entsprechende Geld einsparen lässt. Und klimatechnisch würde das zig Millionen Tonnen Treibhausgase jährlich bedeuten *(Lv 25)*.

DIE VIER GROSSEN STROMKONZERNE

Energieeffizienz ist dringend auch von den Stromkonzernen zu verlangen.
Appelle, Herumreden, Lippenbekenntnisse, freiwillige Selbstverpflichtungen gehören umgehend auf den Müllhaufen der Geschichte.

Bei den vier großen Stromkonzernen in Deutschland E.ON, EnBW, Vattenfall und RWE, die ihre Quasi-Monopolstellung durch undurchsichtige Preiserhöhungen und nicht transparente Politik weidlich ausnutzen, muss grundsätzlich etwas geschehen.
Auch von ihnen sind erhebliche Investitionen in Energieeffizienz und erneuerbare Energien zu fordern.

Ob eine Entflechtung (»Unbundling«) ihrer Netze oder andere drastische Maßnahmen wie etwa die Verstaatlichung erforderlich sind, möge die Politik zusammen mit Fachleuten entscheiden – aber bitte mit eindeutig unabhängigen und nicht mit Lobbyisten. Schließlich geht es um das Wohl der gesamten deutschen Volkswirtschaft.

Bisher hat die Bundesregierung auch auf diesem Gebiet wenig Initiativen ergriffen und sich völlig dem Willen der vier Großkonzerne untergeordnet.

Es kann nicht angehen, dass die Hauptziele dieser Großkonzerne lediglich im Verkauf von möglichst viel »unsauberem« Strom und Profitmaximierung bestehen.

Auch sie haben eine gesamtgesellschaftliche Verantwortung. Sie müssen sich neu organisieren, sich nicht weiterhin auf die Vermarktung von Strom aus ihren fossilen Brennstoffen, wie u.a. aus der schädlichen Braunkohle oder aus Atomkraftwerken, beschränken. Von der effizienten Kraft-Wärme-Kopplung scheinen sie zurückzuschrecken wie der Teufel vor dem Weihwasser. Skandinavien könnte ihnen hier ein gutes Beispiel bieten.

In Deutschland will eine Handvoll Konzernmanager die Weichen stellen für eine Weiterreise im veralteten klimaschädlichen Fossilienzug – und das für die nächsten 30-50 Jahre.

Hier darf der Staat nicht den Beschwichtiger und Laumann spielen, sondern muss den Ausbau von hocheffizienten Zukunftstechnologien verlangen.

Eine Aufforderung an die Politiker: Nur Mut! Die Unterstützung durch die Wähler/-innen ist wahrscheinlich größer als vermutet.

ERNEUERBARE ENERGIEN: DIE BESTE ENERGIEQUELLE DER ZUKUNFT

Ein Miteinander von Energieeffizienz und erneuerbaren Energien wäre optimal:
Bei Verwirklichung der oben erwähnten Energieeinsparmöglichkeiten wäre die Deckung des gesamten Strombedarfs Deutschlands aus regenerativen Energien rein rechnerisch leicht erreichbar.

»Rein rechnerisch« bedeutet natürlich Probleme bei der praktischen Umsetzung. An deren Lösung wird und muss hart und zügig gearbeitet werden, denn die rasante Entwicklung der vergangenen Jahre besonders in der Solar- und Windenergie muss unbedingt fortgesetzt werden.

Bisher sind in Deutschland durch den Einsatz der regenerativen Energien bereits deutliche Einspareffekte erzielt worden, wie z.B. jährlich drei Milliarden Euro für Energieimporte und jährlich gut 80 Millionen Tonnen an CO_2-Ausstoß. Nicht zu vergessen sind die Schaffung von ca. 170.000 Arbeitsplätzen und kräftige Exporterlöse. Neuere Studien gehen davon aus, dass im Jahr 2020 in Deutschland mehr Menschen in der Ökobranche beschäftigt sein werden als im Auto- oder Maschinenbau. Umwelttechnik würde dann zur Leitbranche und ein gewaltiger Wirtschaftsfaktor.

IM JAHR 2006 HABEN DIE ERNEUERBAREN ENERGIEN EINEN ANTEIL VON RUND 13 %
AN DER GESAMT**STROM**VERSORGUNG DEUTSCHLANDS.

VON DIESEN 13 % ENTFALLEN AUF:

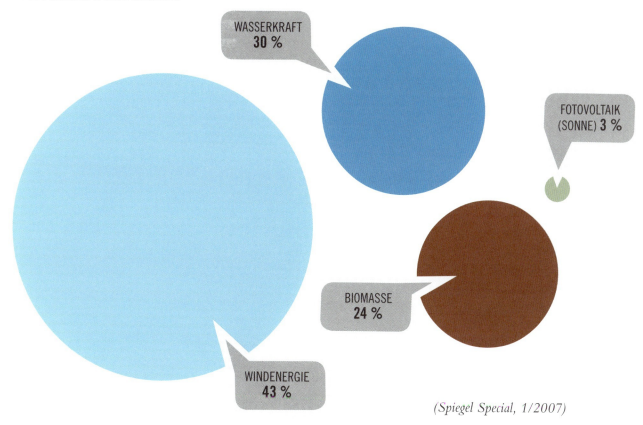

(Spiegel Special, 1/2007)

SOLAR- UND WINDENERGIE

Die 3 % Strom aus Sonnenlicht entsprechen etwa 2,0 TWh (Terawattstunden. Eine TWh = eine Milliarde Kilowattstunden). Hinzu kommen 4,08 TWh erzeugter Solarwärme. Beide Ergebnisse sehen noch etwas dürftig aus. Allerdings hat sich innerhalb von vier Jahren die Stromerzeugung aus Sonne in Deutschland verzehnfacht. Tendenz steigend, denn etliche deutsche Firmen sind dabei, ihre Produktionsfähigkeit kräftig zu erhöhen.

Man sollte jedoch keine Agrarflächen mit riesigen Sonnenkollektoren in Anspruch nehmen. In Deutschland stehen ausreichende Flächen auf Dächern und Fassaden zur Verfügung, die genutzt werden können.

Bislang ist das Stromnetz in Deutschland das schwächste Glied in der Versorgungskette. Jede(r) hat z.B. schon einmal beobachten können, dass auch bei Wind Turbinen von Windmühlen stillstehen. Der Grund: potenzielle Überlastung des Stromnetzes. Durch dieses Nichteinspeisen gehen nach Angaben des Bundesverbandes Windenergie bis zu 15 % des Jahresertrages verloren. Folglich ist ein Stromnetzausbau dringend vonnöten. Hieran sind die großen Energiekonzerne nicht sonderlich interessiert, da die schwache europäische Vernetzung sie vor billiger Konkurrenz schützt.

Es besteht also dringender Handlungsbedarf.

Parallel hierzu arbeiten Forscher an Speicherlösungen für Strom aus Wind- und Solarkraftanlagen. Dazu gehört eine nunmehr marktreife Art Superbatterie »Redox Flow Batterie«, die Strom ebenso schnell speichern wie abgeben kann. Diese Technik gilt als Hoffnungsträger. Darüber hinaus wird an Unterseekabeln gearbeitet, die z.B. den Ökostrom von den künftigen Meereswindparks über Tausende von Kilometern transportieren können *(Lv26)*.

In preislicher Hinsicht gehen die Prognosen davon aus, dass der Haushaltsstrom aus Sonnenlicht bereits um 2015 gleich teuer bzw. billiger als der herkömmliche Strom sein wird. Es heißt, Solarstrom wird jährlich bis zu 7 % billiger, während sich der traditionelle Haushaltsstrom stetig verteuert.

BIOMASSE: ENERGIE VOM ACKER – WELTWEITE EUPHORIE

In Deutschland wird gegenwärtig ca. ein Viertel des Ökostroms aus Biomasse gewonnen. Weltweit wird geradezu euphorisch von der Biomasse als potenzieller Energiequelle der Zukunft gesprochen. Auf Gefahren und Gegenargumente wird hier später eingegangen. Zunächst bleibt festzustellen, dass Biomasse tatsächlich ein gigantisches Potenzial hat, denn Biomasse ist ein »Energie-Multitalent«. Aus ihr kann Strom, Wärme, Benzin oder Diesel produziert werden. Biomasse wird seit Menschengedenken als Brennstoff eingesetzt: Letztlich sind alle pflanzlichen Stoffe in ihrer Molekülstruktur, die Kohlenstoff und Wasserstoff enthält, miteinander verwandt, gleich ob es sich um Holz, Stroh, Raps oder Schilfgras handelt.

Theoretisch könnte der weltweite Mineralölbedarf durch den Einsatz von »NawaRos« – Kurzform für nachwachsende Rohstoffe – gedeckt werden. Bestimmte Energiepflanzen wie Schilfgras erreichen Spitzenwerte an Heizwert. Mit zukünftigen Züchtungen von noch ertragreicheren Pflanzen ist zu rechnen.

Schweden will bis 2020 seinen gesamten Benzinverbrauch mit Bioethanol, einem aus Pflanzen gewonnenen Alkohol, decken. Norwegen ließ kürzlich ähnliche Pläne verlauten. Die USA wollen ebenfalls im großen Umfang Bioethanol einsetzen, das es dort bereits zu dem verklärenden Beinamen »Freedom Fuel« gebracht hat. Schließlich soll es Freiheit von den Ölimporten aus anderen zum Teil »prekären« Ländern bringen. Etwa ein Fünftel der US-Ackerfläche wird bereits für die Ethanolproduktion eingesetzt. Dort wird überwiegend Mais dafür angebaut. Brasilien ist ein Vorreiter auf dem Bioethanolsektor, für den riesige Monokulturflächen von Zuckerrohr geschaffen werden. Es deckt damit heute beinah die Hälfte seines Benzinverbrauchs und rechnet sich gute Exportchancen aus.

Ist nun alles gut mit »NawaRos«? Nein, mitnichten! Es ergeben sich: Gravierende Probleme
Sehr schnell stößt man auf ein ethisches Problem: Können wir im Ernst verantworten, dass Nahrungsmittel, wie z.B. Mais und Weizen, völlig zweckentfremdet zur Kraftstoffproduktion eingesetzt werden, während ein Teil der Menschheit Hunger leidet?

Wir haben es nicht mit einem theoretischen Zukunftsproblem zu tun. Schon jetzt stiegen wegen des massiven Maisverbrauchs für die Energieproduktion die Weltmarktpreise für Mais um 80%. In Mexiko, wo Mais Grundnahrungsstoff für die Nationalspeise Tortilla ist, kam es Anfang 2007 bereits zu ersten Massenprotesten, weil sich die Preise für Maismehl fast verdoppelt hatten. Damit wurde Maismehl, was in Mexiko etwa die gleiche Bedeutung wie die Kartoffel Deutschland hat, für viele arme Menschen unerschwinglich.

Hinzu kommt, dass die Energieeffizienz beim Einsatz von Mais und Getreidekörnern in den USA sehr schlecht ausfällt. Der Verbrauch von Ackerfläche und Energie ist in den USA deutlich höher als in tropischen Ländern wie Brasilien *(Lv 2)*.

Es gibt weltweit nicht annähernd ausreichende Ackerflächen für den Anbau von Biokraftstoffen. Der Beitrag zur Lösung des Weltenergieproblems und zur Minderung des Klimawandels kann daher nur marginal sein. Insgesamt überwiegen die Nachteile die Vorteile.

In Deutschland wird Gülle bzw. Tiermist und als Biomasse zu 90% Silomais zur Herstellung von Biogas verwendet, wobei der günstigste Effizienzgrad in Blockheizkraftwerken (BHKW) wegen der gleichzeitigen Produktion von Strom und Wärme erreicht wird.

HUNGER DURCH AUTOFAHREN?

ACKERFLÄCHEN FÜR DIE HERSTELLUNG VON BIOSPRIT BEDEUTET:

- WENIGER ANBAUFLÄCHEN FÜR LEBENSMITTEL (Z.B. GETREIDE)
- DRASTISCHER ANSTIEG DER LEBENSMITTELPREISE
- ERHEBLICHE ZUNAHME HUNGERNDER MENSCHEN
- MONOKULTUREN
- ZERSTÖRUNG VON ÖKOSYSTEMEN
- SCHWINDEN DER ARTENVIELFALT

DIE LOGISCHE FORDERUNG HEISST:
KEINE BIOKRAFTSTOFFE AUS NAHRUNGSMITTELN ODER AUS PFLANZEN MIT NEGATIVER ÖKOBILANZ!

LAUT WISSENSCHAFTSMAGAZIN SCIENCE SPART DIE AUFFORSTUNG VON LAND ZWEI- BIS NEUNMAL SOVIEL AN KOHLENSTOFF-EMISSIONEN WIE DIESELBE FLÄCHE ZUR GEWINNUNG VON AGRO-TREIBSTOFF. WALD IST EBEN EIN BESONDERS EFFIZIENTER CO_2-FIXIERER.

(SIENCE · BD. 317, S. 902, AUGUST 2007)

BIOETHANOL

In Brasilien werden und wurden riesige Flächen Tropenwald abgeholzt und darauf dann Zuckerrohrplantagen angelegt – meist von großen Konzernen, die zum Teil international agieren. Für sie zählt der schnelle Profit. Die Umweltschäden und die sich wahrscheinlich für das Klima ergebenden Folgeschäden spielen für sie selbstverständlich keine Rolle. Außer den sattsam bekannten Nachteilen von Monokulturen gehen diese gigantischen Landaneignungen meistens zu Lasten armer Menschen, die vertrieben werden und ohne Lebensgrundlage bleiben.
Dieser Raubbau zeigt schon jetzt eine verheerende Ökobilanz und wird möglicherweise in einigen Jahrzehnten einer langsam beginnenden Versteppung der bislang noch bewaldeten Regionen zunächst in ihren Randgebieten Vorschub leisten.

OHNE TROPENWALD UND OHNE BÄUME WIRD ES AUCH BALD KEINE KOLIBRIS MEHR GEBEN – WEDER KOLIBRI-MÜTTER NOCH DEREN KINDER...

PALMÖL

Aus anderen Ländern erreichen uns ebenfalls extrem negative Nachrichten. In Indonesien werden riesige Flächen Tropenwald gerodet. Häufig wird dabei eine 20 m dicke Torfschicht, die gewaltige Mengen an CO_2 speichert, trockengelegt. Wo einst ein üppiger Tropenwald mit großer Artenvielfalt wuchs, werden in Monokultur Ölpalmen angepflanzt. Schließlich gibt es dafür ja (noch?) einen profitablen Markt in Europa, da Palmöl billiger und effizienter ist als z.B. Rapsöl.

Auch in Deutschland bestehen mehrere Palmöl-Blockheizkraftwerke. Bekannt geworden ist die Auseinandersetzung zwischen »Rettet den Regenwald« und den Stadtwerken Uelzen sowie Schwäbisch Hall. Letztere nahmen im Frühjahr 2007 trotz massiver Kritik ein derartiges Werk in Betrieb.

DER BRASILIANISCHE KLEINBAUERN-DACHVERBAND »VIA CAMPESINA« SCHLÄGT VOR, DIE POSITIV BESETZTE, ABER IRREFÜHRENDE VORSILBE »BIO« DURCH »AGRO« ZU ERSETZEN, DA DIESE TREIBSTOFFE WENIG MIT BIO- ZU TUN HABEN.

**DEMENTSPRECHEND:
AGROTREIBSTOFFE ANSTATT BIOTREIBSTOFFE!**

Dazu meint »Rettet den Regenwald«: »...Die Stadtwerke verharmlosen ganz gezielt den Regenwald-Raubbau und stellen sich endgültig auf die Seite der Regenwald-Plünderer« und weiter: »Für Holz- und Palmöl-Konzerne ist es am lukrativsten, erst die wertvollsten Regenwaldbäume einzuschlagen, zu verkaufen, dann den Wald abzubrennen, um Platz für die Ölpalmen-Monokulturen zu schaffen.«

Zu diesem Thema erklärte Achim Steiner, Generaldirektor des Umweltprogramms der Vereinten Nationen (UNEP): »Es ist absurd. In seinem Wunsch, das Klima zu schützen, fördert Deutschland die Zerstörung von Ökosystemen und die Emissionen von großen Mengen an Kohlendioxid durch die Brandrodung von Regenwäldern.«

Dies alles wird durch das Erneuerbare-Energien-Gesetz (EEG) gegenwärtig noch subventioniert. Hier ist eine dringende Verbesserung vonnöten.

Wegen der negativen Ökobilanz des Palmöls sollte seine Verwendung zum Tabu erklärt werden – es sei denn seine Herkunft kann irgendwann eindeutig aus Regionen zertifiziert werden, in denen das Palmöl nach modernsten und somit umweltschonenden Methoden hergestellt wurde, und zwar OHNE vorherige Vernichtung von Regenwald.

Der WWF meinte dazu im Mai 2007, dass das Öl lediglich von Plantagen stammen solle, die ausschließlich auf Brachflächen und nicht auf Flächen einstiger Torfwälder angelegt wurden.

Leider wurden nicht nur in Indonesien, sondern auch in Malaysia gigantische Ölpalmplantagen angelegt. Jetzt versuchen weitere Länder, wie z.B. Ecuador, Kolumbien und Ghana, in das ökologisch gesehen äußerst dubiose Palmölgeschäft einzusteigen.

INDONESIEN: BRANDRODUNG FÜR ÖLPALMENPLANTAGEN

HIER WUCHS EINST EIN ARTENREICHER TROPENWALD

TJA, OFFENSICHTLICH HAT DER PILOT DIE RAPSÖL-EFFIZIENZ ÜBERSCHÄTZT. ABER AUCH PALMÖL WÄRE WEGEN SEINER VERHEERENDEN ÖKOBILANZ KEINESFALLS EINE ALTERNATIVE...

RAPSÖL

Im Frühling erfreuen die leuchtend gelben Rapsfelder unsere Augen. Leider fällt auch die Ökobilanz der Rapsfrüchte insgesamt vernichtend aus. Das Umweltbundesamt schätzt den Umweltvorteil nahezu bei null ein. Denn es gilt zu berücksichtigen, dass außer dem Nachteil der großen Monokulturen mit ihrem Artenverlust der Energiegehalt des gewonnenen Kraftstoffs durch den Einsatz von Dünge- und Pflanzenschutzmitteln sowie den Energieverbrauch von Landmaschinen zum allergrößten Teil zunichte gemacht.

DIE RAPSBLÜTE IST ZWAR SCHÖN GELB. DAS RAPSÖL IST ALS TREIBSTOFF JEDOCH KEINESFALLS DAS »GELBE VOM EI«!

BIOKRAFTSTOFFE DER »ZWEITEN GENERATION«

Die neueren Studien belegen, dass bei der Verwandlung von Biomasse in Autotreibstoff viel zu viel Energie verloren geht. Daher schlägt die Deutsche Umwelthilfe (DUH) den direkten Einsatz für die Wärme- und Stromproduktion vor.

Im Mai 2007 mahnte die UN-Energy: »Die Produktion von Biokraftstoffen könnte die Verfügbarkeit eines angemessenen Nahrungsmittelvorrats gefährden.« Gleichzeitig wies sie auf die allgemeinen Gefahren von Monokulturen hin wie den Rückgang der Artenvielfalt, die Zunahme von Bodenerosion und die Auslaugung der Böden.

alles öko

So scheint allmählich die Einsicht an Boden zu gewinnen, dass für die Herstellung von Biokraftstoffen auf keinen Fall Nahrungsmittel, sondern nur Rohstoffe wie Müll, Kompost, Stroh, Holz, Laub und Pflanzenreste eingesetzt werden sollten. Das Resultat: Biokraftstoffe der »zweiten Generation«.

WEITERE ERNEUERBARE ENERGIEN

HOLZ UND PELLETS

Gegenwärtig gibt es in Deutschland eine rasant ansteigende Nachfrage nach Holz und Pellets zum Heizen. Pellets sind pillengroße Presslinge aus Hobelspänen und Sägemehl. Heutzutage dürften etwa 70.000 Holzpellet-Heizungen in Deutschland installiert sein. Im Jahr 2000 waren es knapp 1000. Die Nachteile: Das Brennholz wird knapp, andere Branchen haben Angst um den Holznachschub für ihre Produkte. Die Preise für Holzpellets stiegen um 40 % innerhalb eines Jahres.

WASSERKRAFT

Ein knappes Drittel der Stromerzeugung aus erneuerbarer Energie in Deutschland wird aus Wasserkraft gewonnen. Ihr hiesiges Potenzial ist damit zum großen Teil ausgeschöpft.

In anderen Ländern spielt Wasserkraft eine bedeutende Rolle. Soweit Staudämme gebaut werden, bleiben größere Probleme leider fast nie aus: Umsiedlungen zahlreicher Menschen, Überflutungen wertvoller Gebiete, Wasserkonkurrenz mit Nachbarländern, ökologische Folgeschäden. Es sei nur an folgende Beispiele erinnert: Dreischluchtendamm in China, Riesenstaudammprojekt in der Türkei, umstrittene Staudammprojekte in Indien, Laos und neuerdings Uganda.

MEERESWELLEN-KRAFTWERKE

Für Deutschland spielt die Energiegewinnung aus Meereswellen praktisch keine Rolle. Weltweit könnten theoretisch angeblich bis zu 15 % des Strombedarfs durch Wellenkraft gedeckt werden. Mit unterschiedlichen Projekten wird auch in Europa experimentiert, um aus Wellen oder dem Gezeitenwechsel ein Maximum an Energie herauszuholen. So gibt es dafür z.B. »Napfschnecken«, Wellendrachen und Stahlschlangen *(Lv 2, S. 96 ff.)*

GEOTHERMIE

Die Geothermie – also die Wärme aus der Erdtiefe – war in Deutschland und dort besonders im Südwesten der Republik vor zwei Jahren noch ein Hoffnungsträger. In der Zwischenzeit ergaben sich jedoch eine Reihe von praktischen Schwierigkeiten.

Einige Erdwärmeförderanlagen in den neuen Bundesländern produzieren seit geraumer Zeit Energie. Das bekannteste dieser Kraftwerke befindet sich in Neustadt-Glewe.

Das größte Erdwärmekraftwerk Deutschlands in Unterhaching bei München wird 2007 in Betrieb gehen, nachdem sich das Projekt um ein Jahr verzögert und entsprechend verteuert hat. Aber in der Bundesrepublik wird Geothermie regional sehr begrenzt bleiben und keine größere Rolle bei der Energieversorgung spielen können.

Die wichtigsten erneuerbaren Energien wurden hier skizziert, wobei die Sonnenenergie mit Abstand das größte Potenzial für die Zukunft hat. Auf dem Solargebiet sollte daher die Forschung massiv unterstützt und vorangetrieben werden.

Ganz gleich, welchen Umfang der Klimawandel und welche Folgen er im Einzelnen haben wird: Die Entwicklung der »Erneuerbaren« muss kräftig beschleunigt werden. Anderenfalls werden wir noch jahrzehntelang die Energiequellen des vergangenen Jahrhunderts mit all ihren Nachteilen für die Umwelt und ihrer Verschwendung zu ertragen haben.

Ausführliches über erneuerbare Energien können Sie nachlesen u.a. im Spiegel Special *(Lv 2)* und in den im Literaturverzeichnis angegebenen Werken.

POLITIK

WAS TUN? DIE POLITIK UND WIR

EINIGE VORBEMERKUNGEN:

VOR ALLEM IST DER STAAT IN DER PFLICHT

Auch unser individuelles Tun ist beim Klimaschutz nötig. Aber den Staat können wir nicht aus der Pflicht entlassen. In allererster Linie ist er dafür zuständig, Politik nicht für einzelne Lobbyisten und Wirtschaftsgruppen zu machen, sondern für das Gesamtwohl aller Bürger. Für dieses Allgemeinwohl müssen Lobbyisten und einzelne Wirtschaftsgruppen in ihre Schranken gewiesen werden. Da wir nun aus Erfahrung wissen, dass schöne Worte und Freiwilligkeit nichts fruchten, muss der Staat durch ordnungsrechtliche Vorgaben – also z. B. Gesetze – seine Aufgabe erfüllen.

Häufig scheuen Politiker vor Auseinandersetzungen mit mächtigen Lobbyistengruppen zurück. Gelegentlich sind sie selbst auf die eine oder andere Art mit ihnen »verbandelt«: die einen mit der Atomindustrie, die anderen mit der Kohleförderung, die Dritten mit der Autoindustrie. Meist geht es um gut dotierte Posten.

Im April 2007 nannte Greenpeace »Ross und Reiter« in einem »Schwarzbuch Klimaschutzverhinderer« und zeigte die Klüngelwirtschaft zwischen Politik und Energiewirtschaft auf. Danach betreffen die Verflechtungen eine ganze Reihe von aktuellen Bundestagsabgeordneten und Landespolitiker, die energiepolitischen Sprecher der SPD und CDU/CSU sowie ein etabliertes »Netzwerk der Ehemaligen« (Abgeordneten). Greenpeace:« Jetzt wird deutlich, warum in diesem Land in puncto Klimaschutz so wenig passiert« *(Lv 27)*.

Hier ist also dringend eine »Entflechtung« per Gesetz erforderlich.
Politiker sollen die Interessen der Bevölkerung vertreten. Damit diese banale Tatsache nicht vergessen wird, müssen sie ständig daran erinnert, gedrängt und kontrolliert werden – von UNS und nicht nur bei Wahlen!

DIE GERECHTIGKEITSLÜCKE: ARME DEUTSCHE – REICHE DEUTSCHE

Die äußerst wichtige Klimadebatte darf nicht davon ablenken, dass für die deutsche Gesellschaft nach wie vor auch andere gravierende Probleme, wie etwa die Bildung und die soziale Spaltung, völlig ungelöst sind.

Wir hören seit nunmehr mindestens zwanzig Jahren von den Politikern aller Parteien das wohlfeile Lippenbekenntnis: Die Bildung der Jugend ist unsere Zukunft. Schwerfällig zieht sich diese Debatte durch die bundesrepublikanische Gesellschaft. Kleine Fortschritte sind sichtbar, aber der große Wurf lässt auf sich warten. Skandinavien kann in vielen Dingen Vorbild sein. Die schädliche und unsoziale Trennung im dreigliedrigen Schulsystem zementiert die Benachteiligung Hunderttausender Jugendlicher, was nicht nur für diese Menschen höchst ungerecht ist, sondern sich auch für die bundesrepublikanische Gesellschaft äußerst nachteilig auswirkt. Der beschämende Höhepunkt und gleichzeitig eine schallende Ohrfeige für die deutschen Bildungspolitiker und Kultusminister war der Bericht des offiziellen UN-Berichterstatters Vernor Muñoz vom März 2007. Hierin wird klipp und klar die deutsche Bildungspolitik als antiquiert, nicht sehr effizient und sozial ungerecht bezeichnet. Das Bildungssystem der BRD wird als institutionalisierte Menschenrechtsverletzung kritisiert, da z.B. für Kinder aus sozial schwachen Familien und Kindern mit Migrationshintergrund durch frühzeitige Selektierung und mangelnde Förderung das Recht auf Bildung stark eingeschränkt oder es ihnen gar verwehrt wird!

Ein weiterer Skandal ist das stetige Auseinanderdriften von Arm und Reich.
Kurz gesagt: Die Reichen werden immer reicher, ein Teil der Mittelschicht ist durch Arbeitsplatzmangel bedroht und die Armen werden immer ärmer. Schon unter der rotgrünen Regierung wurden die Konzerne, die Reichen und Vermögenden mit einer Steuersenkungspolitik gehätschelt. Der jährliche Steuerverzicht von ca. 60 Milliarden Euro sollte angeblich viele Arbeitsplätze schaffen. Die Steuergeschenke wurden eingesteckt. Die Arbeitsplätze kamen nicht. Immer mehr Menschen müssen sich mit unsicheren, befristeten und unterbezahlten Arbeitsverhältnissen begnügen.

ALLE SIND GLEICH, ABER EINIGE SIND GLEICHER.

In den vergangenen 15 Jahren sanken die realen Nettoverdienste der Arbeitnehmer um 0,4 % pro Jahr! Dagegen stellen ihre Lohn- und Mehrwertsteuern den überwiegenden Teil der Staatseinnahmen dar. Fast 7 Millionen Deutsche gelten als Niedriglöhner *(Lv 28)*. In Deutschland steigt die Kinderarmut kontinuierlich, hat sich seit 2004 verdoppelt und ist laut Unicef stärker gestiegen als in den meisten anderen Industrienationen.

Bei der Pflegeversicherung und der Rente spricht Karl Lauterbach, Professor für Gesundheitsökonomie, MdB und SPD-Sozialexperte, von einem »Zweiklassenstaat«. Einige Zitate: »Arme subventionieren Reiche«, »Einkommensschwache sterben im Durchschnitt acht Jahre früher als Spitzenverdiener«. Sein Fazit: »Der deutsche Staat bekämpft soziale Ungleichheit nicht – er verstärkt sie sogar noch« *(Lv 29, Lv 30)*.

Im krassen Gegensatz dazu explodierten die Vermögen, viele Manager und Vorstände stecken immer höhere Summen ein. Laut einer Studie des DWI (Deutsches Institut für Wirtschaftsforschung) wurden die Reichen und Superreichen immer reicher, wobei sich diese Tendenz beständig verstärkt.

Schätzungsweise 1,7 % der Haushalte besitzen 74 % des gesamten deutschen Produktivvermögens. Im Wesentlichen kommen nur ihnen der wirtschaftliche Aufschwung und die steigenden Aktienkurse zugute. Es fragt sich, ob sich das Gros der Bevölkerung diesen ungerechten Zustand auf Dauer gefallen lassen wird.
Einer Allensbach-Umfrage im Dezember 2006 zufolge halten nur etwa 30 % der Deutschen die Verteilung von Vermögen und Einkommen für gerecht. Dagegen sehen alarmierenderweise rund 60 % der Parlamentarier (Volksvertreter) keinerlei Gerechtigkeitslücke...

Faktisch besteht ein massives Verteilungsproblem. Man kann durchaus von einer Klassengesellschaft sprechen: Die Gutsituierten lassen ihre Kinder in Gymnasien oder Privatschulen unterrichten. Anschließend steht ihnen die Universität offen, denn Studiengebühren sind für sie Lappalien und arbeiten »müssen« zur Finanzierung des Studiums ist eher ein Fremdwort. Es stellt sich die Frage: Hat die heutige deutsche Mittel- und Oberschicht überhaupt ein Interesse an einem durchlässigeren und gerechteren Bildungssystem? Oder heißt das Motto: Die Hauptsache ist, meine eigenen Kinder kommen zurecht!?

Bei derartigen Fragen wird meist rasch besitzwahrende Ideologie in Stellung gebracht mit Sprüchen wie »Klassengesellschaft? Aber nein doch! Das ist doch der reinste Mottenkistenbegriff!« »Soziale Gerechtigkeit? Aber, aber, alles nur Neiddebatte!« Sie ist in Wahrheit eine Gerechtigkeitsdebatte!

Soziale Gerechtigkeit, Bildungschancen für alle, gute (Aus-)Bildung kosten Geld. Das Geld ist vorhanden und kann leicht für das Gemeinwohl mobilisiert werden. Die Abgaben für die Reichen und Superreichen in Deutschland liegen erheblich unter dem Niveau vergleichbarer Länder. In Großbritannien und Frankreich sind die Steuern auf Erbschaften und Immobilien drei- bis viermal höher als in der Bundesrepublik *(Lv 28)*.

Höhere Einkommen- und Erbschaftsteuer, Wiedereinführung der Vermögenssteuer, moderate Reduzierung der Einkommen und Pensionen der mittleren und höheren Beamten, forcierte Ausbildung von einigen Tausend Finanzbeamten zwecks regelmäßiger Überprüfung besonders der höchsten und sehr hohen Vermögen: Allein diese Maßnahmen würden jährliche Einnahmen von mindestens 30 Milliarden Euro ergeben.

Aber unser Thema hier ist der Klimawandel. Auch hierbei spielt das leidige Geld eine wichtige Rolle. Reiche Länder können sich vergleichsweise leichter auf die Folgen des Klimawandels einstellen als arme. Ebenso verhält es sich mit vermögenden und armen Deutschen. Die Wohlhabenden können sich einfacher den negativen Folgen des Klimawandels entziehen als die Ärmeren. Hinzu kommt, dass der Lebensstil der Wohlhabenden deutlich mehr Treibhausgase verursacht. Folglich wäre es nur gerecht, von ihnen einen höheren Beitrag für den Klimaschutz zu verlangen als von den Armen.

ANREGUNGEN FÜR UNS – DIE VERBRAUCHER/-INNEN

Sie brauchen nicht gerade ein »Umweltengel« zu werden, aber ... man muss ja auch nicht unbedingt den Teufel spielen.

Auch der Autor verhält sich durchaus nicht immer vorbildlich. Leider! – Er arbeitet jedoch an seinen Defiziten...

Natürlich muss in erster Linie der Staat durch Gesetze, Steuerpolitik und Vergünstigungen unbedingt und schnell die Rahmenbedingungen für eine bessere Klimaschutzpolitik schaffen. Dabei muss er die Wähler von der Sinnhaftigkeit dieser Politik überzeugen und beweisen, dass der sparsame Umgang mit Ressourcen notwendiger denn je und zugleich ökonomisch attraktiv für die Verbraucher ist.

Neuerdings ist eine Diskussion um ein »Energiegeld« entbrannt, durch das jede(r) zum Energiesparen angeregt wird. Hierbei würde die eingenommene Ökosteuer in einen Gesamttopf kommen und am Jahresende an die Bürger pro Kopf ausgeschüttet werden. Möglicherweise wäre eine ausführliche Debatte hierüber sinnvoll und – falls sie positiv ausfällt – eine entsprechende Gesetzgebung.

Keinesfalls dürfen hingegen die Tipps, die von der Bundesregierung und allen möglichen regierungsnahen Institutionen auf die Verbraucher herunterprasseln, die dringend erforderlichen politischen Maßnahmen ersetzen.

»DIE POLITIK MUSS VORSCHRIFTEN MACHEN, DIE MENSCHEN SIND ZU BEQUEM«

DENNIS MEADOWS, US-WISSENSCHAFTLER

Lasst uns beweisen, dass wir nicht hoffnungslos bequem sind!

Auch jede(r) Einzelne ist mitverantwortlich, kann sein Verhalten positiv verändern und sein Scherflein zu weniger Verschwendung und mehr Klimaschutz beitragen. Unser Einfluss als Verbraucher/-in ist keinesfalls zu unterschätzen.

ZWEI BEISPIELE:
Die Autoindustrie schiebt ihre Verantwortung auf uns ab und argumentiert, dass die Kunden große Autos mit viel PS haben wollen! Der Gemüsehändler an der Ecke, der Äpfel aus China und Neuseeland anbietet, meint: »Ja, aber meine Kunden kaufen sie.«

Wohlgemerkt: Keine(r) muss den Kaffeefilter dreimal benutzen. Niemand muss nur noch bei Kerzenlicht lesen!

Allerdings ist es nicht so, dass Worte wie Umdenken und Verzicht aus der Diskussion verschwinden sollten. Die Journalistin Nicola Liebert schrieb in der taz vom 14.5.07: »Um das V-Wort kommen wir nicht herum... Hierzulande gilt eine strenge Regel in der Umweltpolitik: Sie darf niemandem wehtun. Hauptsache kein Verzicht auf gar nichts...« Sie fährt fort: »Wir können uns nicht einerseits mit Schokolade vollstopfen und andererseits nicht dick werden.«
»Verzicht« bedeutet letztlich auch Änderung unseres verschwenderischen Lebensstils, nachhaltige Landnutzung sowie mehr Schutz von Mooren, Wäldern und Meeren. Folgende Anregungen zeigen Ihnen, wie auch Sie einen Beitrag leisten können. Schauen Sie sich die einzelnen Vorschläge doch mal an. Sicher sind darunter viele, die Sie ohnehin schon beherzigen. Haken Sie diese ab und nehmen Sie sich vor, Schritt für Schritt zusätzlich andere anzugehen. Leo Hickman, leitender Redakteur beim englischen Guardian, schreibt in seinem sehr vergnüglichen Buch »Fast nackt« im Nachwort »Wenn man jedoch versucht, alles auf einmal zu erreichen, wird man unweigerlich scheitern« *(Lv 31, S. 307)*. Recht hat er – vor allem wenn er humorvoll die Vielzahl der Verbesserungsvorschläge seiner drei Berater schildert.
Grundsätzlich ist es sicher sinnvoll, möglichst viele Maßnahmen freiwillig zu ergreifen. Anderenfalls könnten irgendwann strengste Gesetze, erhebliche Einschränkungen wie Fahrverbote, Stromsperren – und am Ende eine rigorose Ökodiktatur drohen.

»VIELE KLEINE LEUTE AN VIELEN KLEINEN ORTEN, DIE VIELE KLEINE SCHRITTE TUN, KÖNNEN DAS GESICHT DER WELT **VERÄNDERN**«

...**Ihre** Schritte, bitte!

ÜBERZEUGUNGSARBEIT

- Sie wollen andere Menschen überzeugen, sich für besseren Klima- und Umweltschutz einzusetzen? Das ist gut. Aber Vorsicht: Sie begeben sich auf vermintes Gebiet! Rechnen Sie damit, sehr schnell als »Moralapostel«, »Spielverderber« oder »moralinsaurer Gutmensch« abqualifiziert zu werden. Also leisten Sie diplomatisch und in homöopathischen Dosen Ihre Überzeugungsarbeit – nicht als verbissener Missionar.

- Aber vergessen Sie nicht, dass selbst in der »Ellbogengesellschaft« viele Idealisten leben, die bereit sind sich zu engagieren. Vielleicht sind Sie selbst ja auch eine(r)? Wenigstens ein wenig…?

- Im Übrigen darf man auch gern einmal an Ideale appellieren.

ENGAGEMENT BEI PARTEIEN ODER ORGANISATIONEN

»POLITIK BEWEGT SICH NUR, WENN **WIR** UNS BEWEGEN«

- Sie wollen aktiv werden? Hierfür bieten sich zahllose Möglichkeiten. Sie können in eine politische Partei eintreten, um dort die Umweltbelange zu vertreten.

- Oder von Ihren Abgeordneten regelmäßig Rechenschaft verlangen über seine/ihre Aktivitäten für den Klimaschutz.

- In Deutschland arbeitet eine große Anzahl von Umwelt- und Naturschutzvereinen. Außerdem bestehen etliche Organisationen, die regelmäßig kostenlose Informationen per E-Mail versenden und Protestkampagnen durchführen *(s. Anhang)*.

- Dort können Sie eintreten, aktiv mitmachen, spenden…

SICHERLICH EIN ERSTER SCHRITT IN DIE RICHTIGE RICHTUNG.
ABER AUCH FÜR DIESES PÄRCHEN GIBT ES IN DIESEM KAPITEL SO MANCHE ANREGUNG...

WECHSEL ZUM ÖKOSTROMANBIETER

Ökostrom: Die Förderung regenerativer Energie ist von höchster Bedeutung. Die vier mächtigen Stromkonzerne in Deutschland haben fast eine Monopolstellung, betreiben gefährliche Atomkraftwerke oder umweltschädliche Kraftwerke mit fossilen Brennstoffen, sind vorrangig an Gewinnmaximierung interessiert und verfolgen eine undurchsichtige Preissteigerungspolitik.

- Zahlreiche Umwelt- und Verbraucherschutzorganisationen rufen gemeinsam zu einem schnellen Wechsel des Stromlieferanten auf. Vier Ökostromanbieter werden empfohlen.

- Ein Wechsel ist schnell gemacht: Sie gehen ins Internet auf www.atomausstieg-selber-machen.de oder rufen einen der Anbieter zwecks Information an. Eventuell können Sie auch um den Besuch eines Energieberaters bitten.

Empfehlungen und Preisübersicht über Ökostrom erhalten Sie auch unter www.ecotopten.de. Merke: Ökostrom ist sauber. Außerdem ist er nach den kräftigen Preiserhöhungen durch die herkömmlichen Versorger in den meisten Regionen billiger, in einigen nicht oder nur geringfügig teurer als der »Schmutzstrom«. Nachdem am 1. Juli 2007 die Strompreisregulierung durch die deutschen Bundesländer weggefallen ist, nutzten die »Schmutzstrom-Lieferanten« ihre Monopolstellung flugs für meist deftige Preisanhebungen aus. Wer möchte eine derartig dreiste Preispolitik schon unterstützen? Die Umstellung von Ihrem bisherigen Anbieter auf Ökostrom erledigt der Ökostromanbieter für Sie.

Die Versorgungssicherheit ist garantiert. Alle vier bundesrepublikanischen Anbieter sind zu empfehlen. LichtBlick ist das größte Unternehmen mit 300.000 Kunden im Spätsommer 2007. Zweitgrößter Ökostromanbieter sind die Elektrizitätswerke Schönau (EWS) mit fast 50.000 Kunden bundesweit. Wegen ihres ideenreichen und effizienten Engagements erhielten die EWS den Deutschen Gründerpreis 2007. Die Zahl der Ökostromnutzer steigt langsam, aber beständig. Trotzdem: Es bleibt viel Überzeugungsarbeit zu tun, denn von mehreren zig Millionen deutschen Haushalten sind auf Ökostrom bislang weniger als eine Million umgestiegen! Warum nicht mehr trotz einer dazu »im Prinzip bereiten Mehrheit der Haushalte«?

Das ist nur zu erklären durch psychologische Momente, Gewohnheit, Bequemlichkeit, kurz: »den inneren Schweinehund«. Der aber ist besiegbar.

> ## Wohin wechseln?
>
> Wir empfehlen als bundesweites Aktionsbündnis vier überregionale Ökostromanbieter: EWS Schönau, Greenpeace energy, LichtBlick und die Naturstrom AG. Diese Anbieter haben keine eigentumsrechtlichen Verflechtungen mit den Kohle- und Atomstromern. Und alle vier bieten Strom aus Erneuerbaren Energien und zum Teil auch aus gasgefeuerten Kraft-Wärme-Kopplungsanlagen an.* Die folgende Kurzdarstellung beruht auf eigenen Angaben der Anbieter:
>
> Die EWS - Elektrizitätswerke Schönau beziehen einen großen Anteil ihres Stroms aus neuen regenerativen Anlagen. Außerdem ist im Strompreis der so genannte „Schönauer Sonnencent" enthalten, mit dem neue ökologische Stromerzeugungsanlagen der EWS-Kunden gefördert werden. Auf diese Weise sind bisher 900 neue Anlagen entstanden.
>
> Ein Neukunde von Greenpeace energy eG wird spätestens nach 5 Jahren aus neu gebauten Anlagen versorgt. Ziel der Genossenschaft ist eine unabhängige Stromversorgung aus einer Hand: Produktion, Handel, Endkundenversorgung. Bereits 9 Millionen Euro wurden in Erneuerbare Energien investiert und weitere 39 Millionen Euro befinden sich in der Umsetzung.
>
> **LichtBlick** Der von der LichtBlick GmbH & Co.KG gelieferte Strom ist zu 100 Prozent regenerativ erzeugt. Zurzeit errichtet LichtBlick für 14 Millionen Euro ein Biomasse-Heizkraftwerk in Bayern. Es wird Ende des Jahres 2006 in Betrieb gehen und Strom für 12.000 Haushalte erzeugen.
>
> **naturstrom** Die Naturstrom AG liefert Strom zu 100 Prozent aus Erneuerbaren Energien. Mit jeder verbrauchten Kilowattstunde fließt 1,0 Cent (netto) direkt in den Bau von neuen Erzeugungsanlagen. Über 120 neue, zusätzliche Erzeugungsanlagen für Strom aus Sonne, Biomasse, Wind und Wasserkraft wurden so bereits gebaut.
>
> * Möglicherweise gibt es aber auch in Ihrer Umgebung einen regionalen Stromanbieter, der die genannten Kriterien erfüllt. Informieren Sie sich deshalb bitte jeweils vor Ort.
>
> www.atomausstieg-selber-machen.de

Wir alle können Verwandte, Nachbarn, Freunde, Bekannte werben.

IRGENDWO IN AFRIKA

»HAST DU GEHÖRT, EIN RICHTER HAT DEN DEUTSCHEN JETZT IHRE RECHTSCHREIBREFORM VERBOTEN!«
»WIE SCHRECKLICH! DIE HABEN'S AUCH NICHT EINFACH, DIE DEUTSCHEN.«

»...und jetzt sollen die armen Deutschen auch noch auf Ökostrom umsteigen!«

AUTOFAHREN

Ihnen ist bekannt, dass die meisten Autofahrten Kurzstrecken betreffen. Hier bieten sich in vielen Fällen gesündere und klimafreundlichere Fortbewegungsmöglichkeiten, nämlich per Fahrrad oder »per pedes apostolorum« an. Die nächste Stufe: öffentlicher Nahverkehr. Sehen Sie es positiv: Jeder nicht im Auto zurückgelegte Kilometer spart etwa 0,4 kg CO_2. Wenn Sie nun aber ganz dringend gelegentlich ein Auto benutzen: Könnte dann vielleicht auch »carsharing« in Frage kommen?

Falls Sie aber unbedingt zu den Autobesitzern oder Autobesitzerinnen gehören müssen (Sie sind nicht allein – in Deutschland fahren rund 43 Millionen Autos!), würden Sie sicherlich Ihr Fahrzeug auf den neuesten umwelttechnischen Stand bringen.
Beim Kauf eines Neuwagens denken Sie bestimmt ebenfalls an das Klima durch den Kauf eines Hybridautos oder eines äußerst sparsamen Gefährts. Informieren Sie sich auch über Autos mit Erd- bzw. Biogasantrieb. Sie sind stoßen 15 bis 20 % weniger CO_2 und keinen Feinstaub aus. Sie sind billiger als Hybridautos. Auch Autos mit Benzin als Treibstoff können zum klimafreundlicheren Gasauto umgerüstet werden. Das Gastankstellennetz wurde in Deutschland kräftig ausgebaut.

Ein Tipp – wenn es denn WIRKLICH ein neues Auto sein muss: Der ökologisch orientierte VCD (Verkehrsklub Deutschland e.V.) bietet eine ausführliche Kaufberatung an: »Welches Auto soll es sein« auf dem neuen Internetportal: www.besser-autokaufen.de.

Ausdrücklich NICHT empfohlen werden dort Autos mit Flüssiggasantrieb, Biodiesel, Pflanzenöl oder Bioethanol.

Empfohlen werden dagegen Fahrzeuge mit Hybrid-, Erdgas-, Biogasantrieb.

Es wird darauf hingewiesen, dass BtL (Biomass to Liquid), auch SunDiesel genannt, ein viel versprechender Kraftstoff der nahen Zukunft ist.

Übrigens: Auch für eine Energie sparende Fahrweise gibt es sehr nützliche Tipps. In etlichen Städten werden dazu kleine Praxiskurse angeboten.

FLIEGEN

Ja, Sie wissen schon, dass das Flugzeug reichlich den Klimakiller CO_2 ausstößt und das dazu noch in sehr sensiblen Höhen mit klimaschädlichen Sondereffekten. Auch wenn z.B. die Lufthansa mit großformatigen Anzeigen versucht, diese Klimaschädlichkeit schönzurechnen: Das UBA (Umweltbundesamt) geht von einem Anteil des weltweiten Flugverkehrs an den treibhausgaswirksamen Emissionen von derzeit vier bis neun Prozent aus.

Sie möchten es etwas genauer wissen? Bitteschön:

IHR ANTEIL AM CO_2-AUSSTOSS BETRÄGT BEI FLÜGEN (JEWEILS HIN- UND RÜCKFLUG):

BERLIN — MÁLAGA: 1.140 KG
FRANKFURT A.M. — THAILAND: 6.100 KG
FRANKFURT A.M. — JAPAN: 6.700 KG
FRANKFURT A.M. — NEW YORK: 4.000 KG

»NUR ETWA **7%** DER WELTBEVÖLKERUNG
HAT JEMALS EIN FLUGZEUG BENUTZT«

Wenn man nun bedenkt, dass jeder Mensch dieser Erde jährlich im Idealfall maximal zwei Tonnen CO_2 verursachen soll, gerät man durch das Fliegen blitzschnell in die tiefroten Zahlen. Übrigens: Statistisch gesehen ist jede(r) Deutsche aktuell für einen CO_2-Ausstoß von 10,5 Tonnen jährlich verantwortlich. Übertrügen wir unsere Lebensstil auf alle Erdbewohner, so würde die Menschheit mehrere Planeten »verbrauchen«!

GESCHÄRFTES UMWELTBEWUSSTSEIN

Wussten Sie, dass bisher nur eine Minderheit von 7 % der Weltbevölkerung ein Flugzeug benutzt hat? Aber alle Menschen – auch die 93 % »Nichtflieger« – tragen die Folgen: Luftverschmutzung, anteilige Klimaerwärmung, Lärm, Bebauung durch Flugplätze und damit Versiegelung der Landschaft. Auch Kurzflüge sind durch den erhöhten CO_2-Ausstoß bei Start und Landung alles andere als klimafreundlich.

DIE LÖSUNG:

Möglichst NICHT fliegen. Geschäftliche Flugreisen können meist durch Bahnreisen, Telefon-, Videokonferenzen und andere Medien ersetzt werden.
Private Zwei- bis Dreitageflüge zum Einkaufen nach London oder New York müssen ja auch nicht unbedingt sein.

Die Billigflüge sind zwar gut für das Portemonnaie, aber sonst...

Wenn das Fliegen nun wirklich unumgänglich ist, werden mindestens zwei Möglichkeiten angeboten: Sie können Ihren Klimaschutzbeitrag an www.atmosfair.de entrichten. Bei dieser Internetadresse geben Sie die Daten Ihres Fluges ein. Der CO_2-Ausstoß wird dann ausgerechnet und bewertet. Innerhalb Europas kostet der Ausgleich zwischen 6 Euro und 23 Euro. Für einen Hin und Rückflug nach New York können Sie mit 90 Euro, nach Asien oder Lateinamerika mit 100 Euro bis 130 Euro rechnen. Falls Sie mit dem Internet nicht arbeiten wollen oder können, wäre ein Kontakt zu forumandersreisen, Postfach 50 02 06, 79028 Freiburg, Tel. 0761/13 77 68 88 möglich.

Dieses System schafft das von Ihnen verursachte CO_2 nicht aus der Welt. Aber durch den von Ihnen bezahlten Eurobetrag entsprechend dem Gegenwert des CO_2 werden Projekte gefördert, bei denen z.B. bisher verwendete »Schmutzenergie« durch regenerative ersetzt wird.
Es handelt sich hier um eine freiwillig akzeptierte Strafe, ein teilweises Wiedergutmachen von Umweltsünden, eine Schadensbegrenzung. Manche nennen es »Ablasshandel«, andere »Kompensation« oder »Schadensausgleich«. Wie dem auch sei: Es ist besser als nichts. Aber wie gesagt, Nicht-Fliegen ist die korrektere Lösung.

Eine weitere Möglichkeit den CO_2-Ausstoß zu kompensieren, und zwar allgemein und nicht nur für das Fliegen, besteht beim »Klimaschutz zum Selbermachen«. Hierfür gründeten Mitglieder des Potsdamer Instituts für Klimaforschung die Initiative »The Compensators«. Die Idee: Privatpersonen können an diese Organisation Mitgliedsbeiträge oder Spenden entrichten. Für 70% der eingegangenen Beträge werden Emissionsberechtigungen für CO_2 erworben und nicht wahrgenommen also vernichtet. Durch eine Verknappung der verfügbaren CO_2-Zertifikate am Markt steigt deren Preis für die Industrie. Einzelheiten: www.thecompensators.org

WOHNEN UND HAUSHALT

In Deutschland verbrauchen private Haushalte circa ein Drittel der Gesamtenergie des Landes. Zunächst sollte man sich darüber klar werden, wofür der größte Teil der Energie im Haushalt eingesetzt wird:

Mit Abstand am meisten verbraucht die Heizung, und zwar je nach Dämmung und Alter des Hauses bzw. der Wohnung zwischen 50% und 78%. An zweiter Stelle folgt das Warmwasser mit einem Anteil zwischen 7% und 18%.

HEIZEN

Es lohnt sich also, in erster Linie diese beiden Energieschlucker zu minimieren, denn sie verschlingen mit durchschnittlich mehr als 80% der Gesamtenergie den Löwenanteil.
2007 wurde der Gebäudeenergiepass eingeführt, denn in den Immobilien befindet sich ein riesiges Einsparpotenzial für Energie. Der Pass schafft Transparenz für den Mieter bzw. Käufer und Anreiz für den Vermieter bzw. Verkäufer, die Immobilie zu dämmen und klimafreundlich auszustatten. Energie schluckende Wohnungen und Gebäude werden an Wert einbüßen. Der Pass ist sicherlich noch verbesserungswürdig, aber seine Hauptstoßrichtung ist korrekt. Er ist der berühmte Schritt in die richtige Richtung.

Näheres unter: www.gebaeudeenergiepass.de

Weitere Informationen über den neuesten Stand der Energiespartechnik und die erheblichen Einsparmöglichkeiten bei Bestandshäusern finden Sie unter www.dena.de und www.zukunft-haus.info

Vor geplanten Neubauten sollte man sich eine Energieberatung leisten, deren Kosten sich schnell durch eingesparte Energie amortisiert. Angestrebt werden sollten von vornherein Null-Energie-Häuser. Zertifizierte Energieberater finden Sie unter www.energieberater-suche.de

Für Neubauten gibt es zahlreiche Anregungen. So wurde z.B. in Feiburg eine Solarsiedlung mit 47 »Solarhäusern« erstellt. Ihr Architekt Rolf Disch spricht von »Plusenergiehäusern«. Eine an den Himmelsrichtungen orientierte Bauweise, kombiniert mit einem Maximum an Solarzellen und einer klugen Wärmedämmung durch Vakuumpaneele, die zehnmal so effizient ist wie die herkömmliche dicke Steinwolle, ermöglicht eine ungeahnte Minimierung des Energieverbrauchs. Die etwas höheren Baukosten amortisieren sich schnell durch die eingesparte Energie *(Lv 32)*.

Auf dem Gebiet energieeffizientes Bauen, Passivhäuser, Solarhäuser haben sich auch andere Architekten durch höchst interessante und zum Teil revolutionäre Projekte einen Namen gemacht. Lassen Sie sich im Internet informieren unter www.akademie-mont-cenis.de (in Herne) oder schauen Sie einmal bei Google nach unter den Architekten Wolfgang Feist, Georg Dasch, Timo Leukefeld. Man lernt ein wenig zu staunen!

Für Ein- oder Mehrfamilienhausbesitzer sind am einfachsten Luftwärmepumpen zu installieren. Ein kühlschrankgroßes Gerät, das innen oder außen aufgestellt werden kann, saugt die Außenluft an und entzieht ihr die Wärme. Der Betrieb ist mit einem Geräusch ähnlich wie bei einer Dunstabzugshaube verbunden und die Pumpe verbraucht auch etwas Strom. Aber die Installationskosten sind gering und die Energieeffizienz beträgt fast 80 %, denn schließlich wird der größte Teil der Wärme der Natur zum Nulltarif entzogen. Bei niedrigen Temperaturen sinkt allerdings die Leistung.

Bei einem nicht zu kleinen Garten käme vielleicht auch eine Erdwärmepumpe in Frage. Hier wird eine Heizschlange in etwa 1,5 m Tiefe im Erdreich verlegt.

Als ein guter Klimaschutz-Tipp könnte sich für Einfamilienhausbesitzer anstatt einer Heizung die Anschaffung eines Mini-Blockheizkraftwerk (Mini-BHKW) erweisen. Durch die gekoppelte Produktion von Strom und Wärme ist eine Energieeinsparung bis zu 40 % möglich *(www.minibhkw.de)*.

Für alle Arten von Wärmepumpen und viele andere sinnvolle Energieeinsparmaßnahmen ist eine Förderung durch das KfW-Programm »Wohnraum modernisieren« *(www.kfw-foerderbank.de)* möglich.

Besonders beim Altbaubestand besteht ein riesiges Einsparpotenzial an Energie. Als Hausbesitzer könnten Sie fachmännischen Rat einholen. Vielleicht gibt es in Ihrem Ort auch die Möglichkeit des »Einsparcontracting«. Wie bereits erwähnt, loten Privatfirmen die Einsparmöglichkeiten des Gebäudes aus und führen die entsprechenden Sanierungsmaßnahmen durch. Die Rückzahlung erfolgt jährlich in der Höhe der Einsparung *(www.energie-einsparcontracting.de)*.

Als Mieter haben Sie vielleicht die Möglichkeit, den Hausbesitzer auf Energieeinsparmaßnahmen und ggf. auf das »Einsparcontracting« anzusprechen. Da in diesem Fall die Devise »Beim Heizen geizen« für alle korrekt ist, gibt es eine Vielzahl von Einspartipps für dieses Gebiet von Verbraucherzentralen, Umweltverbänden, von B.A.U.M *(Lv 33)* und unter www.energieverbraucher.de

Eine kostenlose Broschüre »Geld vom Staat für Energiesparen und erneuerbare Energien« können Sie unter der Bestellnummer 2108 beim BMU per E-Mail bestellen: bmu@broschueren-versand.de
Direkt sparen Sie Geld und indirekt schonen Sie die Umwelt durch weniger CO_2-Emissionen. Eine kleine Auswahl von einfachen Sparmöglichkeiten:

- Das Thermostat um ein Grad herunterstellen. Raumtemperatur von 18 bis 20 Grad ist optimal. Nachts: Raumtemperatur höchstens 15 Grad

- Bei Sonneneinstrahlung auf 12 Grad reduzieren

- Keine Möbel, Zierverkleidungen, lange Vorhänge vor Heizkörper stellen

- Abdichten von Fenster- und Türfugen etwa durch Dichtungsbänder

WARMWASSER

Bei diesem zweitgrößten Energieverschwender im Haushalt lässt sich schnell und einfach sparen:

- Duschen statt Baden. Es ist wohl auch nicht unbedingt nötig, jeden Tag zu duschen. Soll auch gar nicht so gut für die Haut sein

- Kontraproduktiv: zwanzig Minuten lang duschen zum »Aufwachen« oder ähnlich lang andauerndes Schmettern aller bekannten Arien bzw. Trällern von Schlagerpotpourris unter laufendem Wasser

- auch Einseifen ohne laufendes Wasser

- Zähneputzen: Becher benutzen, kein Wasser laufen lassen

- Händewaschen: ebenfalls nicht unter laufendem Wasser

- Näheres: u.a. www.umweltkasper.de (nicht nur für Kinder empfehlenswert)

STROMFRESSENDE GERÄTE

Gut 6 % des Haushaltsstroms entfallen auf Strom für Gefrier- und Kühlschränke, Wasch- und Spülmaschinen, Computer, HiFi-Anlagen, Fernseher, Videorecorder, DVD-Spieler.

Bei neueren Fernsehgeräten und Videorecordern erkennen Sie an einem kleinen »e«, dass diese maximal 1 Watt für den Stand-by-Betrieb benötigen.
Sonst sollte man immer alle Geräte ausschalten, wenn sie nicht mehr in Betrieb sind. Auch wenn der Fernseher ausgeschaltet ist, muss unbedingt der rote Punkt gedrückt werden und »verschwinden«.

Es empfiehlt sich der Kauf einer abschaltbaren Steckdosenleiste, die garantiert, dass wirklich kein Strom mehr verbraucht wird.
Die Forderung an die Politik lautet: Baldiges Verbot der Stand-by-Schaltungen!
Bei Neukauf unbedingt die Energieeffizienz erfragen.
Bei Kühl- und Gefriergeräten sollte man Effizienzklasse A++ oder notfalls A+ wählen.

Bei Wasch- und Spülmaschinen und Wäschetrocknern ist die beste Effizienzklasse gegenwärtig noch A *(Lv 33, S. 34)*.

Informationen z.B. unter:
www.initiative-energieeffizienz.de
www.ecotopten.de oder
www.spargeräte.de

Über stromsparende Computer und andere Bürogeräte finden Sie Nützliches bei www.office-topten.de

LICHT

Statistisch gesehen wird nur etwa 1,5 % Strom für Licht ausgegeben. Also ist ein Herumtasten im Halbdunkel nicht erforderlich. Aber Festbeleuchtung in allen Räumen ist – gar noch bei Abwesenheit – unsinnig. Energiesparlampen sind in der Anschaffung teurer, rentieren sich aber nach einiger Zeit. Jetzt gibt es übrigens gemütlich warme Lichtfarben auch für Energiesparlampen.

EINKAUFEN UND ERNÄHRUNG

Fleisch: Der globale Viehbestand stößt laut der Welternährungsorganisation FAO etwa 20 % der von den Menschen indirekt verursachten Treibhausgase aus. Aus Mist und Gülle entweichen riesige Mengen Lachgas. Wiederkäuer wie Rinder und Schafe verursachen große Mengen von Methangas.

2006 – VIEHBESTAND IN DEUTSCHLAND: CA. 12.000.000 RINDER
26.000.000 SCHWEINE
2.500.000 SCHAFE

Außerdem muss für die Herstellung von einer Einheit Tiereiweiß die drei- bis zehnfache Menge an Pflanzeneiweiß verfüttert werden. Hier handelt es sich um ein eklatantes Missverhältnis. Folglich ist es ratsam, möglichst fleischlos zu essen oder seinen Fleischverbrauch deutlich zu drosseln.

Seit einiger Zeit kann man bei uns fast alle Produkte aus den entferntesten Winkeln der Erde kaufen. Aber müssen es wirklich Äpfel aus China oder Neuseeland, Weintrauben aus Chile, Walnüsse aus den USA, Brechbohnen aus Kenia bzw. Guatemala sein?
»Flugzeug-Weintrauben« oder »Flugzeug-Spargel« aus Chile legen über 12.000 km zurück. Für jedes kg beträgt die CO_2-Gesamtemission zwischen sieben und 17 kg. Ein kg »Flugzeug-Erdbeeren« aus Südafrika verursacht einen CO_2-Ausstoß von mehr als 11 kg...

Dementsprechend empfiehlt es sich, Gemüse und Obst aus der Region und nach der Saison zu essen – wenn möglich vornehmlich aus Ökoanbau. Aus Gründen sozialer Gerechtigkeit sollte man verstärkt »FAIR-Trade-Produkte« kaufen. Fair steht für fairen – also angemessenen – Preis für die Bauern. Fair-Produkte wie etwa Kaffee, Tee, Bananen, Schokolade gibt es in Dritte-Welt-Läden aber auch in den meisten Supermärkten.
www.transfair.org oder www.fair-feels-good.de

Die Verbraucher-Initiative in Berlin stellt auf ihrer Internetseite www.nachhaltige-produkte.de Möglichkeiten zur Einsparung von Kohlendioxid beim Einkaufen vor.
Dort finden Sie unter dem Stichwort »Klimafreundlich einkaufen« ebenfalls Informationen über Kennzeichnungen wie das »Qualitätszeichen Naturtextil« oder das EU-Umweltzeichen »Euroblume«.

HOLZ UND BÄUME

Der Kauf von Tropenholz fördert naturgemäß weitere Abholzungen und damit die Zerstörung wichtiger Waldgebiete. Beim Kauf sollte ausschließlich Holz mit dem FSC-Siegel (Forest Stewardship Council) oder mit dem Naturland-Zeichen in Frage kommen.

Das Pflanzen von Bäumen ist immer anzuraten, da sie Kohlendioxid binden und gleichzeitig Sauerstoff produzieren. Wälder sollen übrigens deutlich besser für das Klima sein als Agro–Kraftstoffe. Fazit: SCHUTZ aller Wälder – KEINE Rodungen – Aufforsten. *(siehe S. 118)*.

Es gibt etliche Baumpflanz-Initiativen in Europa, aber auch solche, die in anderen Erdteilen zum Beispiel wichtige Mangrovenwälder pflanzen oder Tropenwälder schützen. Das Pflanzen von Bäumen soll allerdings nicht zu einer Alibi-Aktion verkommen und gegen andere nachhaltige Klimaschutzmaßnahmen ausgespielt werden. Es bedeutet nämlich keine ewige Bindung von Kohlendioxid: Bäume können durch Krankheiten frühzeitig verschwinden, sterben irgendwann ab, werden durch Brände vernichtet oder gerodet.

GELDANLAGE

Warum wollen Sie Ihr Geld bei Firmen anlegen, die Landminen, Waffen oder AKWs herstellen bzw. bei Unternehmen, die für Korruptionsskandale bekannt geworden sind?

Heutzutage gibt es ausreichend ökologisch, klimafreundlich, ethisch orientierte Unternehmen. Lassen Sie sich beraten! www.ecotopten.de oder www.oekom-research.com.

AUF INITIATIVE DES AUTORS UND EINER DER HAUSEIGENTÜMERINNEN WECHSELTEN FAST ALLE MITGLIEDER DER HAUSGEMEINSCHAFT ZUM ÖKOSTROM. NACHAHMUNG DRINGEND ERWÜNSCHT!   FOTO: 12 SEPTEMBER 2007

LETZTE FRAGEN UND EIN WENIG KINO

Wir haben nur einen einzigen Planeten.
Sind wir Menschen einsichtig genug, ihn zu erhalten?
Oder behalten die Pessimisten Recht mit ihrem Kassandraruf:
»NUR EINE KATASTROPHE WIRD DIE MENSCHEN ZUR VERNUNFT BRINGEN!«

In einem Karikaturenwettbewerb für Schüler/-innen wurde ein Preis für folgenden Kino-Vorschlag vergeben:

SOLL DIE NÄCHSTE BZW. LETZTE KINOVORSTELLUNG ETWA HEISSEN:
MITTEL- UND LANGFRISTIG: » NUR FÜR EISENHARTE NERVEN – AM BESTEN WEGSEHEN!«?

Welchen Namen diese Vorstellung schließlich haben wird, hängt auch ab von Ihnen, von Dir, von mir und von allen Menschen dieser schönen Erde!

LITERATURVERZEICHNIS – ANMERKUNGEN

KLIMAWANDEL: FIKTION? PANIKMACHE? - REALITÄT!
1. GORE, AL: EINE UNBEQUEME WAHRHEIT, MÜNCHEN 2006 (AUCH ALS DVD ERHÄLTLICH!)
2. SPIEGEL SPECIAL, NR. 1/2007: NEUE ENERGIEN – WEGE AUS DER KLIMAKATASTROPHE

DER GLOBALE »ÖKOLOGISCHE FUSSABDRUCK«
3. MEADOWS, D., U.A.: GRENZEN DES WACHSTUMS – DAS 30-JAHRE-UPDATE, STUTTGART 2006

CO_2: GROSSE FÜSSE – KLEINE FÜSSE: USA, EU, CHINA
3A. SPIEGEL SPECIAL, NR. 1/2007: NEUE ENERGIEN – WEGE AUS DER KLIMAKATASTROPHE

SONDERFALL VOLKSREPUBLIK CHINA
4. FRIEDMAN, TH. L.: THE WORLD IS FLAT, USA/GREAT BRITAIN, 2005

DIE UMWELTPROBLEME CHINAS
5. LE MONDE DIPLOMATIQUE, ATLAS DER GLOBALISIERUNG, DEUTSCHE AUSGABE, BERLIN 2006
6. LE MONDE DIPLOMATIQUE, NR. 1/2007, CHINA. VERORDNETE HARMONIE, ENTFESSELTER KAPITALISMUS
6A. GORE, AL: EINE UNBEQUEME WAHRHEIT, MÜNCHEN 2006
6B. LE MONDE DIPLOMATIQUE, NR. 1/2007, CHINA …
7. DER SPIEGEL; NR. 4/2007 V. 22.1.07, S. 124-128, CHINA. GIFT FÜR DEN GANZEN ERDBALL

UNGERECHTE WELT: ARME LÄNDER – REICHE LÄNDER
8. GAL-BÜRGERSCHAFTSFRAKTION, DOKUMENTATION ZUM FACHKONGRESS »NEUE ENERGIE FÜR NEUE JOBS«, HAMBURG, 7.2.05

ERHEBLICHE VERLUSTE BEI DER BIOLOGISCHEN VIELFALT
9. LEUSCHNER, CHR., UNIVERSITÄT GÖTTINGEN, VORTRAG AM 25.2.07 IN HAMBURG: AUSWIRKUNGEN VON KLIMAWANDEL UND LANDSCHAFTSWANDEL AUF DIE BIODIVERSITÄT

HORRORVISION EISSCHMELZE: POLARKAPPEN, GRÖNLAND. RELATIV (UN-)WAHRSCHEINLICH, ABER MÖGLICH

10 LATIF, M.: KLIMA, FRANKFURT/MAIN, 2. AUFLAGE 2006
11 KOLBERT, E.: VOR UNS DIE SINTFLUT. DEPESCHEN VON DER KLIMAFRONT, BERLIN 2006

DIE FOLGEN FÜR DEUTSCHLAND/EUROPA

VÖGEL:

12 NIPKOW, M.: KURZTRIPP STATT LANGSTRECKENFLUG - VÖGEL REAGIEREN AUF DIE KLIMAERWÄRMUNG, WWW.NABU.DE
13 BAIRLEIN, F.: VÖGEL IN ZEITEN DES KLIMAWANDELS, IN: NATURSCHUTZ IN HAMBURG, 2/06, NABU, HAMBURG
14 KLIMA »UNSERE ZUKUNFT« IN: NATURSCHUTZ HEUTE, 2/07, NABU

INSEKTEN:

15 VÖLKERWANDERUNG NACH NORDEN? SCHMETTERLINGE ALS INDIKATOR FÜR KLIMAWANDEL UND ARTENVIELFALT. PRESSEMITTEILUNG V. 16.3.07, HELMHOLTZ-ZENTRUM FÜR UMWELTFORSCHUNG, (UFZ), WWW.UFZ.DE

BÄUME:

16 STAUD, T./REIMER, N.: WIR KLIMARETTER. SO IST DIE WENDE NOCH ZU SCHAFFEN, KÖLN 2007
17 BUND-ARTIKELSERIE, 22. TEIL, IN: FRANKFURTER RUNDSCHAU VOM 17.1.07: TROCKENHEIT MACHT BRANDENBURG ZUR STEPPE DEUTSCHLANDS
18 HAMBURGER ABENDBLATT V. 13./14.1.07: KLIMAWANDEL KILLT DEN HOLSTEINER COX

BEISPIEL: DIE DEUTSCHE AUTOMOBILINDUSTRIE – EIN TRAUERSPIEL

19 TAZ V. 24.1.07: SPRITFRESSER WERDEN AUSGEBREMST
20 TAZ V. 13.6.07, KOUFEN, K.: GABRIEL, MACH TEMPO

KÖNNTE UND SOLLTE DEUTSCHLAND VORREITER IM KLIMASCHUTZ SEIN? JA, KLAR DOCH!

20A MAX-PLANCK-GESELLSCHAFT, WISSENSCHAFTSMAGAZIN FORSCHUNG 2/2006: ZAUBERKOHLE AUS DEM DAMPFKOCHTOPF (WWW.MPG.DE)

POSITIVE ANSÄTZE UND VISIONEN

21 HANDELSBLATT V. 9.-11.3.07: UNTERNEHMER FORDERN KLIMA-OFFENSIVE

WAS TUN?
HAUSAUFGABEN FÜR DIE POLITIK

22 TAZ V. 23.3.07: MEHR KLIMASCHUTZ OHNE ATOMKRAFT UND LASS ES KNISTERN, HERR MINISTER
23 GIRARDET, H.: DIE ZUKUNFT IST MÖGLICH – WEGE AUS DEM KLIMA-CHAOS, HAMBURG 2007
24 STERN, NR. 12, 15.3.2007, SO RETTEN WIR DAS KLIMA … UND HABEN TROTZDEM SPASS AM LEBEN

DIE SUPER-ENERGIEQUELLE

24A PETERMANN, J. (HG.): SICHERE ENERGIE IM 21. JAHRHUNDERT, HAMBURG 2006
25 TAZ V. 24.4.07, JANZING, B.: DER GUTE GEIZ

SOLAR- UND WINDENERGIE

26 TAZ. V. 9.2.07, AHMIA, T.: ÖKOSTROM AUS DER KONSERVE

WAS TUN?
DIE POLITIK UND WIR

27 GREENPEACE: SCHWARZBUCH KLIMASCHUTZVERHINDERER, APRIL 2007 (WWW.GREENPEACE.DE)
28 DER SPIEGEL, NR. 14/2.4.07: ARM DURCH ARBEIT. DIE WAHRE UNTERSCHICHT
29 TAZ V. 26.6.07, LAUTERBACH, K.: ARME SUBVENTIONIEREN REICHE
30 LAUTERBAUCH, K.: DER ZWEIKLASSENSTAAT. WIE DIE PRIVILEGIERTEN DEUTSCHLAND RUINIEREN, BERLIN 2007
31 HICKMAN, L.: FAST NACKT. MEIN ABENTEUERLICHER VERSUCH ETHISCH KORREKT ZU LEBEN. MÜNCHEN UND ZÜRICH, 4. AUFLAGE 2007

HEIZEN

32 TAZJOURNAL 2007/01, LOGISCH. WIE WIR ALLE BESSER LEBEN
33 GEGE, M. (HRSG.): DAS GROSSE ENERGIE- UND CO2-SPARBUCH. 1001 TIPPS FÜR HAUS, GARTEN, BÜRO UND FREIZEIT. B.A.U.M., HAMBURG 2007

WEITERFÜHRENDE LITERATUR

BECKER, H.: AUSGEBREMST. 2007 (VERSÄUMNISSE UND MISSMANAGEMENT DER DEUTSCHEN AUTOMOBILINDUSTRIE)
BÜNDNIS 90/DIE GRÜNEN: KLIMAZEIT IN: KLIMAZEITUNG, FRÜHJAHR 2007
BRAUNGART, M./MCDONOUGH, W.: EINFACH INTELLIGENT PRODUZIEREN, BERLIN 2003

FELL, H.-J., PFEIFFER, C. (HRSG.): CHANCE ENERGIEKRISE – DER SOLARE AUSSTIEG AUS DER FOSSIL-ATOMAREN SACKGASSE, SOLARPRAXIS AG 2006

FLANERY, T.: WIR WETTERMACHER, FRANKFURT/M. 2006
HAHLBROCK, K.: KANN UNSERE ERDE DIE MENSCHEN NOCH ERNÄHREN? FRANKFURT/M. 2007
HULOT, N.: POUR UN PACTE ÉCOLOGIQUE, PARIS 2006
LATIF, M., IN: INFORMATIONSBLATT 9932-070, DEUTSCHE UMWELTHILFE: TREIBHAUS ERDE. DER GLOBALE KLIMAWANDEL ALS GRÖSSTE HERAUSFORDERUNG IM 21. JAHRHUNDERT, 2007

LATIF., M.: BRINGEN WIR DAS KLIMA AUS DEM TAKT?, FRANKFURT/M. 2007
MÜNCHENER RÜCKVERSICHERUNG (HRSG.): WETTERKATASTROPHEN UND KLIMAWANDEL, MÜNCHEN 2005
RAHMSTORF, S./SCHELLNHUBER, H.-J.: DER KLIMAWANDEL, MÜNCHEN 2006
ROBIN-WOOD-MAGAZINE NR. 93/ 2. 2007 UND 94/3.2007
SCHEER, H.: SOLARE WELTWIRTSCHAFT. STRATEGIE FÜR DIE ÖKOLOGISCHE MODERNE, MÜNCHEN 1999/2002

SCHLUMBERGER, A./FELLEHNER, CH.: 33 EINFACHE DINGE, DIE DU TUN KANNST, UM DIE WELT ZU RETTEN (AUCH GEEIGNET FÜR KINDER!)

SCHMIDT-BLEEK, F.: NUTZEN WIR DIE ERDE RICHTIG? FRANKFURT/M. 2007
SCHOTTERER, U.: KLIMA - UNSERE ZUKUNFT?, BERN, SCHWEIZ 1987
STERN, N.: STERN REVIEW ON THE ECONOMICS OF CLIMATE CHANGE. SUMMARY, LONDON 2006

UBA (UMWELTBUNDESAMT): DIE ZUKUNFT IN UNSEREN HÄNDEN. 21 THESEN ZUR KLIMASCHUTZPOLITIK, DESSAU 2005

VIETH, H.: BEMERKENSWERTE BÄUME IN BERLIN UND POTSDAM, HAMBURG 2005

ZEITWISSEN, NR. 2/2007

REGISTER

A

A.-WEGENER-INSTITUT 57
ACH. ST. KATHY BEYS 90
AEI 16
AFRIKA 26, 51, 94 FF., 104, 136
AKTIV WERDEN 133
AL GORE S. 10, 13, 17, 50, 51
ANSTIEG DES MEERESSPIEGELS 57
AOSIS 35
APOLLO-ALLIANZ 23
ARCHITEKTEN 143
ARKTIS 47
ARTENVERLUST 40
ATOMENERGIE/AKW 106 FF.
AUSTRALIEN 36, 62, 104
AUTOINDUSTRIE 75, 76, 101, 137

B

BAIRLEIN, F. 57
BANGLADESCH 35, 50
B.A.U.M. 90, 144
BÄUME 59-65, 148
BEIJING (PEKING) 29
BEUST, OLE VON 68, 70
BHKW 117, 143
BILDUNGSSYSTEM BRD 128, 129
BIO-/AGROKRAFTSTOFFE 117, 118, 121, 123
BIODIVERSITÄT 41
BIOETHANOL 117, 119
BIOLOGISCHE VIELFALT 38
BIOMASSE 115, 116
BMU 111
BRANDENBURG 61, 62
BRASILIEN 30, 117

BUND 67, 76, 80
BUNDESKANZLERIN 75, 102
BUNDESREP. DEUTSCHLAND 22, 37, 50, 51, 66 FF. 72 FF.
BÜNDNIS 90/DIE GRÜNEN 96, 104
BUSH-REGIERUNG 16, 23
BÜTIKOFER, R. 109

C

CHINA (VR) 22, 27, 28, 30 FF., 37, 50, 78, 93, 104
CLUB OF ROME 71
CO_2-ÄQUIVALENT 22
CO_2-FUSSABDRUCK 25
COSTA RICA 43
CSS 103
CSU 89

D

DESY 95
DESYNCHRONISATION 56
DEUTSCHLAND, SIEHE BRD
DIMAS, ST. 72, 73, 75
DIW 91
DLR 94
DREISCHLUCHTENSTAUSEE 29
DUH 80, 123

E

EEG 83, 95, 120
EIN-KIND-POLITIK 27
EINKAUFEN 146, 147
EINSPARCONTRACTING 100, 112, 144
EISBÄR 43, 44
EISSCHMELZE 46
ENERGIEEFFIZIENZ 82, 100, 112
ENERGIEVORRAT 104

ENERGIEPFLANZEN 116
ENERGIEGELD 131
ENGLAND 37
ERNÄHRUNG 146, 147
ERNEUERBARE ENERGIEN 114 FF., 124
EU 23

F
FAIR-TRADE 147
FAO 146
FAZ 14, 15, 16
FCKW 99
FELDT, W. 67
FELL, H.-J. 96
FICHTEN 61
FISCHSTERBEN 41
FLEISCH 146
FLIEGEN 138, 140, 141
FLUGVERKEHR 86, 92, 93, 101, 138
FOSSILE BRENNSTOFFE 102
FR 108
FUCHS, A. 47 FF.

G
G8-GIPFEL 51
GABRIEL, S. 89, 108
GAL 70, 109
GELDANLAGE 148
GERECHTIGKEITSLÜCKE BRD 128, 129
GESELLSCHAFT BRD 128
GLETSCHER 30, 46
GOLDKRÖTE 43
GRASSL, H. 35
GREENPEACE 31, 95, 127
GROSSBRITANNIEN 72, 97
GRÖNLAND 46-48
GRÖNLANDEIS 20, 46 FF.

H
HAMBURG 67-70
HAMBURGER ABENDBLATT 108, 109
HAMBURGER MORGENPOST 77, 106
HAMBURGER KLIMASCHUTZFONDS E.V. 94
HANDELSBLATT 90
HANSEN, J. 17
HARLEKINFROSCH 43
HAUSHALT 142, 143
HEIZUNG 142, 143
HICKMAN, L. 132
HIMALAJA-GLETSCHER 30
HOLZ 124, 148
HULOT, N. 10
HUNGER 118
HWWI 91

I
IDEENBAUM 84
IEA 22
IG METALL 78
INDIEN 22, 26, 33, 93
INDONESIEN, 30, 120
INSEKTEN 45, 58-60
INSELSTAATEN 35
IOC 57
IPCC 16, 17, 19, 20, 32, 39, 68, 75
ITER 111

J
JANZING, B. 112
JAPAN 22, 74, 101

K
KALIFORNIEN 23
KANADA 24, 35
KARIBIK 51
KATRINA 23, 90, 91

KERNFUSION 111
KFW-PROGRAMM 143
KHOR, M. 34
KINO 70, 149
KLASSENGESELLSCHAFT BRD 129, 130
KLIMA-ALLIANZ 89
KLIMAGERECHTIGKEIT 26
KLIMARETTER, WIR 102
KLIMASCHUTZBEITRAG 141
KLIMASKEPTIKER 17
KLIMAZWEI 85 FF.
KOHLEFLÖZE 30
KOHLEKRAFTWERKE 74, 104
KOHLENDIOXIDAUSSTOSS 22, 24, 74, 97, 100, 104, 114, 139
KOHLENSTOFFKARTE 97
KOHLENDIOXIDKONTO 97
KOHLEVORKOMMEN 32
KOLIBRIS 119
KOLBERT, E. 47
KONFERENZ DER TIERE 42
KORALLEN 41
KORALLENFISCHE 43
KOUFEN, K. 79
KÖNIG, W. 108
KWK 100, 114
KYOTO-PROTOKOLL 22, 23
KYRILL 60, 61, 80, 90

L

LACHGAS 146
LATIF, M. 38, 50
LEIBNIZ-INST. F. MEERESWISSENSCHAFTEN 38
LAUTERBACH, K. 129
LEUSCHNER, CHR. 41
LICHTBLICK 135
LIEBERT, N. 132
LOBBYCONTROL 10
LOBBYISTEN 127

M

MAASS, CHR. 109
MACPLANET-KONGRESS 34
MAIS 62, 66, 117
MALAYSIA 121
MAO ZEDONG 84
MAUT 80
MAX-PLANCK-INSTITUT 47, 88
MEADOWS, D. 71, 131
MEERWASSERENTSALZUNG 94
MISCHWÄLDER 61
METHAN 48, 146
MEXIKO 117
MILIBAND, D. 97
MONOKULTUREN 117, 118, 120

N

NABU 52, 56, 65
»NATURE« 37
NAWARO 116, 117
NEW ORLEANS 23
NEWSWEEK 43
NIEDERLANDE 50
NIPKOW, M. 52

O

OBERSTER GERICHTSHOF USA 23
OBSTBÄUME 65, 87
OLYMP. SPIELE 29
OTT, H. 67
ÖKOBRANCHE 114
ÖKOINSTITUT 111
ÖKOLOGISCHER FUSSABDRUCK 21
ÖKOSTROM 94 FF., 115, 116, 134, 135
ÖKOSTROMANBIETER 134, 135

P

PALMÖL 120, 121
PAPIERVERBRAUCH 74
PEKING (BEIJING) 29
PELLETS 124

PERMAFROSTBÖDEN 47, 48
PINGUINE 48, 49
POLARKAPPEN 46-48
POTSDAM-INST. F. KLIMAFOLGENFORSCHUNG 38

R
RAHMSTORF, ST. 38, 41, 66, 101
RAPSÖL 120, 122
REICHHOLF, J. 45
REIMER, N. 16
»RETTET DEN REGENWALD« 120
RUSSLAND 22, 24, 93, 102

S
SAN FRANCISCO 50
SCHOPENHAUER, A. 84
SCHMETTERLINGE 59, 60
SCHWARZBUCH 127
SCHWARZENEGGER, A. 79, 101
SEEHANN, E. 64
SELBSTVERPFLICHTUNG 100
SHANGHAI 31, 50
SIERRA LEONE 35
SKYSAILS 86
SOLARHÄUSER 143
SONNENENERGIE 94, 95, 115
STAND-BY-SCHALTER 100
STAUSEE 81
STEINER, A. 120
STERN, N. 10, 71, 91
STEUERN BRD 130
STORCH, WEISS- 53
STROMFRESSENDE GERÄTE 145
STROMKONZERNE 113

T
TEMPERATURANSTIEG 44
TEMPOLIMIT 78
TIEFENSEE, W. 77
TÖPFER, K. 26

TREIBHAUSGASE 22
TRIPPELSCHRITTE 99
TROPENWALD 119, 120
TSCHERNOBYL 109

U
ÜBERZEUGUNGSARBEIT 133
UMWELTBUNDESAMT 17, 66
UMWELTBUNDESAMT DESSAU 82
UNEP 26, 120
URBACH, M. 112
US-UMWELTBEHÖRDE 23
USA 22 FF., 30, 36, 62, 78, 84, 117

V
VATTENFALL 109
VCD 79, 80, 137
VERHEUGEN, G. 75
VERMÖGEN BRD 129
VERZICHT 132
VIEH 146, 147
VÖGEL 52-58

W
WALDBRÄNDE 37, 62
WASSERKRAFT 115, 125
WÄRMEDÄMMUNG 100
WÄRMEPUMPEN 143
WBGU 51
WEIZEN 87, 117
WELTMEERE 41
WINDKRAFT 94, 95, 115
WISSMANN, M. 77
WOHNEN 142, 143
WUPPERTAL-INST. FÜR... 67
WWF 43, 74, 121

Z
ZAUBERKOHLE 85

BILDNACHWEIS
KARIKATUREN UND FOTOS

BGR (BUNDESANSTALT FÜR GEOWISSENSCHAFTEN UND ROHSTOFFE): .... S. 29
FOTONATUR.DE/OTT, STEFAN: .... S. 55 OBEN
FRITSCHE, BURKHARD: WWW.BURKH.COM: .... S. 122
GOTTSCHEBER, PEPSCH: PEPSCH@ARCOR.DE: .... S. 159
HAITZINGER, HORST/DEWEZET V. 4.7.07: .... S. 113
HELM, GÜNTHER: .... S. 44 OBEN, 49, 55 UNTEN
HUEHN, MATHIAS: WWW.HUEHN-ILLU.DE .... S. 24 UNTEN
JANN, TIMO: .... S. 108
LIESKE, EWALD: .... S. 43
LOKI-SCHMIDT-STIFTUNG/FOTO: RASTIG, GUIDO: .... S.: 54, 57 LINKS
LUCKNER, GRAF FERDINAND VON: .... S. 65 RECHTS
LUTZ, FERDINAND:MAIL@FERDINANDLUTZ.COM: .... S.14, 23 U., 30, 26, 36, 50, 56, 68, 70, 73, 96, 104 UNTEN, 107
MAGDEBURGER VOLKSSTIMME: .... S. 75
MESTER, GERHARD: MESTER-KARI@WEB.DE: .... S. 123
MOHR, BURKHARD:WWW.BURKHARD-MOHR.DE: .... S. 20, 21, 23 OBEN, 139
NATURFOTO: WWW.NATURFOTO.CZ: .... S. 57 RECHTS
PLASSMANN, THOMAS: WWW.THOMASPLASSMANN.DE: .... S. 81 OBEN, 93, 140, 146
RABL, CHRISTOPHER: .... S. 60 RECHTS
REUTTER, NILS: .... S. 40
RICHTER, MARLENE: .... S. 32
RUTHE, RALPH: © CARLSEN VERLAG GMBH, HAMBURG 2003: .... S. 48
SAUER, JOSCHA: © CARLSEN VERLAG GMBH, HAMBURG 2003: .... S. 119, 124
SCHÖN, WALTER (BUND): .... S. 60 LINKS
SCHOPPE, CHRISTIAN: .... S. 161
SCHULZ, KNUD: .... S. 58, 59 OBEN 2x
SEIDEMANN, INGO: .... S. 59 UNTEN 2x
SKYSAILS: © SKYSAILS: WWW.SKYSAILS.DE: .... S. 86
STUTTMANN, KLAUS: KLAUS@STUTTMANN.DE: .... S. 12, 19, 33, 46, 72, 74, 76, 80, 88, 99, 106, 111, 126, 130, 134
TILLMANN, RÜDIGER: WWW.COMIC-NOW.DE: .... S. 37, 44 UNTEN
TRAXLER, HANS: TRAXLER.HANS.INGE@T-ONLINE.DE: .... S. 136
VIETH, HARALD: .... S. 13, 63, 64, 65 LINKS
VIETH, JULIAN: .... S. 148
WALHI ÜBER WATCH INDONESIA! E.V.: WATCHINDONESIA@SNAFU.DE: .... S. 121

WOESSNER, FREIMUT: WWW.F-WOESSNER.DE: .... S. 53, 69, 81 UNTEN, 110, 141, 152
WOLTER, JUPP: .... S. 104 OBEN

AUS DEM KARIKATURENWETTBEWERB 2004/05 FÜR SCHÜLER/INNEN „UMWELT? - NATÜRLICH" DES STUDIENKREISES UND DER ZEIT STAMMEN FOLGENDE PREISGEKRÖNTEN KARIKATUREN:

HALSNER, LAURA: .... S. 38
KARGES, FELIX: .... S. 11
POHL, CHRISTIN: .... S. 149
STEFFENS, BJÖRN: .... S. 39
WILHELM, KATHRIN: .... S. 42

ALLE GRAFIKEN: ARNE RÖMER & COMPANY

AN DIE SPITZE DER BEWEGUNG

SZ-ZEICHNUNG: GOTTSCHEBER

So wie Klimaschutzverhinderer Bush spielen zahlreiche andere auch gern einen Lokführer dieser Art: Wirtschaftsminister, Industrieverbände, Energiekonzerne, Lobbyisten jeder Couleur.
Am Rande sei bemerkt: Selbst der »Kyotozug« weist zahlreiche Mängel auf. Währenddessen klagen Bundeskanzlerin und Umweltminister im August 2007 »mit Bestürzung über das rasante Tempo der Erderwärmung, die sich in Grönland zeige«.

WICHTIGE ADRESSEN

EINIGE WICHTIGE INTERNET-ADRESSEN: NATUR-, UMWELT-, KLIMASCHUTZ, POLITIK
(IN ALPHABETISCHER REIHENFOLGE - OHNE ANSPRUCH AUF VOLLSTÄNDIGKEIT)

WWW.ATMOSFAIR.DE	
WWW.BAUM-DES-JAHRES.DE	KURATORIUM BAUM DES JAHRES
WWW.BESSEREWELTLINKS.DE	CA. 30.000 DEUTSCHE LINKS ZU 20 HAUPTRUBRIKEN U.A. NACHHALTIGKEIT UND UMWELT – WERBEFREI
WWW.BUND.NET	BUND – BUND FÜR UMWELT UND NATURSCHUTZ
WWW.CAMPACT.DE	ONLINE-NETZWERK POLITISCH AKTIVER MENSCHEN. VIA INTERNET KANN MAN SICH AN AKTUELLEN POLITISCHEN DEBATTEN UND KAMPAGNEN BETEILIGEN
WWW.DUH.DE	DEUTSCHE UMWELTHILFE
WWW.GERMANWATCH.DE	
WWW.GREENPEACE.DE	
WWW.GRUENE.DE	BÜNDNIS 90/DIE GRÜNEN
WWW.GRUENES-KLIMA.DE	»KLIMASCHUTZ FÜR ALLE«
WWW.DIE-KLIMA-ALLIANZ.DE	
WWW.LOBBYCONTROL.DE	
WWW.MPIMET.MPG.DE	MAX-PLANCK-INSTITUT FÜR METEOROLOGIE DEUTSCHES KLIMARECHENZENTRUM
WWW.NABU.DE	NABU – NATURSCHUTZBUND DEUTSCHLAND E.V.
WWW.OEKO.DE	ÖKO-INSTITUT E.V.
WWW.PAPIERNETZ.DE	INITIATIVE PRO RECYCLINGPAPIER
WWW.PIK-POTSDAM.DE	POTSDAM-INSTITUT FÜR KLIMAFOLGENFORSCHUNG
WWW.REGENWALD.ORG	RETTET DEN REGENWALD E.V.
WWW.ROBIN-WOOD.DE	
WWW.UFZ.DE	UFZ – HELMHOLTZ-ZENTRUM FÜR UMWELTFORSCHUNG
WWW.UMWELTBUNDESAMT.DE	
WWW.VCD.ORG	VERKEHRSCLUB DEUTSCHLAND E.V.
WWW.WWF.DE	
WWW.WUPPERINST.ORG	WUPPERTAL INSTITUT FÜR KLIMA, UMWELT, ENERGIE GMBH

ÜBER DEN AUTOR

Harald Vieth, geb. 1937 in Hamburg, interessierte sich seit seiner Jugend für die Natur. Bereits als 15jähriger trat er in den Deutschen Jugendbund für Naturbeobachtung (DJN) und in den Deutschen Bund für Vogelschutz (heute NABU) ein.

Nach dem Abitur und seiner Ausbildung zum Außenhandelskaufmann arbeitete er fünf Jahre in Spanien, England und Frankreich. Es folgten Lehrerstudium mit Schwergewicht Fremdsprachen, insbesondere Russisch und 25 Jahre Lehrertätigkeit.

Zwischendurch lebte er zweieinhalb Jahre mit Ehefrau Cosima und Sohn Julian in Zimbabwe.

Veröffentlichungen: u.a. »Pamberi nechiShona« (Lehrbuch für die Bantusprache Schona, Helmut Buske Verlag), »Hier lebten sie miteinander« (Jüdische Schicksale in Hamburg-Rotherbaum). 1995 folgte »Hamburger Bäume - Zeitzeugen der Stadtgeschichte« und fünf Jahre später »Hamburger Bäume 2000 - Geschichten von Bäumen und der Hansestadt«.

Für diese beiden Bücher sowie den »Einsatz für alte und bemerkenswerte Bäume« wurde der Autor am 8. Januar 2003 vom damaligen Bundespräsidenten Rau zum traditionellen Neujahrsempfang in das Berliner Schloss Bellevue eingeladen.

2005 erschien dann das Buch »Bemerkenswerte Bäume in Berlin und Potsdam«.

INFORMATION UND BESTELLUNGEN ZU OBIGEN BÜCHERN BEI:
H.Vieth, Hallerstr. 8
20146 Hamburg
Tel. 040/45 21 09
Fax 040/450 394 76
E-Mail: info@viethverlag.de
www.viethverlag.de

ABKÜRZUNGEN

B.A.U.M.	BUNDESDEUTSCHER ARBEITSKREIS FÜR UMWELTBEWUSSTES MANAGEMENT E.V.
BFN	BUNDESAMT FÜR NATURSCHUTZ
CCS	CARBON CAPTURE AND STORAGE (ABSCHEIDUNG UND SPEICHERUNG VON KOHLENDIOXID)
DENA	DEUTSCHE ENERGIE AGENTUR
DIW	DEUTSCHES INSTITUT FÜR WIRTSCHAFTSFORSCHUNG
DUH	DEUTSCHE UMWELTHILFE
E.	ENGLISCH
EEG	ERNEUERBARE-ENERGIEN-GESETZ
GRID	(E.) LEITUNGSNETZ
HGÜ	HOCHSPANNUNGS-GLEICHSTROM-ÜBERTRAGUNGSNETZ
IPCC	INTERGOVERNMENTAL PANEL ON CLIMATE CHANGE = ZWISCHENSTAATLICHER AUSSCHUSS ÜBER KLIMAVERÄNDERUNGEN. GEMEINHIN UN-KLIMARAT ODER WELT-KLIMARAT GENANNT
MITIGATION	(E.) ABSCHWÄCHUNG, HERABSETZUNG
NAWARO	NACHWACHSENDE ROHSTOFFE
PIK	POTSDAM INSTITUTE FOR CLIMATE IMPACT RESEARCH = POTSDAM INSTITUT FÜR KLIMAFOLGENFORSCHUNG
PPM	PARTS PER MILLION = TEILCHEN PRO MILLION LUFTPARTIKEL
TWH	TERRAWATTSTUNDE (1 TWH = 1 MILLIARDE KILOWATTSTUNDEN)
UBA	UMWELTBUNDESAMT
UNBUNDLING	(E.) ENTFLECHTUNG
UNEP	UNITED NATIONS ENVIRONMENT PROGRAMME = UMWELTPROGRAMM DER VEREINTEN NATIONEN
VCD	VERKEHRSCLUB DEUTSCHLAND E.V. (ÖKOLOGISCH ORIENTIERT)
WBGU	WISSENSCHAFTLICHER BEIRAT DER BUNDESREGIERUNG GLOBALE UMWELTZERSTÖRUNG
WFC	WORLD FUTURE COUNCIL = WELTZUKUNFTSRAT (SITZ HAMBURG)
WWF	WORLD WIDE FUND FOR NATURE = GLOBALE NATURSCHUTZORGANISATION